触摸古建筑

——聂鑫森建筑文化随笔

聂鑫森 · 著

中国建材工业出版社

聂鑫森创作简历

1948年6月生于湖南湘潭市。初中时代，开始在《湘潭日报》上发表散文《锄草》、《民兵训练札记》。

1976年10月，“文革”结束。此后在“工业诗”的创作上，日益引起重大反响。

1978年10月调入《株洲日报》副刊部。

1982年11月加入中国作协。

1983年9月由湖南人民出版社出版诗集《地面和地底的开拓》。组诗《地球深处的旋律》获“《北京文学》奖”、中国作协和中国煤矿文艺基金会联合举办的“首届煤矿文学创作一等奖”。

1984年3月，入中国作协鲁迅文学院作家班读书。12月，湖南人民出版社出版小说集《太平洋乐队的最后一次演奏》。此后，在全国各种刊物上发表大量的短篇小说，并被转载或译成英、法、日、俄等国文字。获“湖南文学奖”。

1986年9月入北京大学中文系作家班读书。

1987年6月，获中华文学基金会和中国作协所颁发的“庄重文文学奖”。

1999年，短篇小说《烟波芥舟》获公安部第五届“金盾文化工程文学奖”。中国文学出版社出版英文版小说集《镖头杨三》。

至2004年，共出版长篇小说、中短篇小说集、诗集、散文随笔集、文化专著三十余部。发表大量的关于美术、古玩、民俗、古建筑的学术随笔，引起多方关注。短篇小说《铁支子》、《名角泡澡》、《捉宝》分别列入2001年、2002年、2003年“中国短篇小说排名榜”。共获各种文学奖四十余次。

目录

Contents

触摸古建筑

——聂鑫森建筑文化随笔

·引　子·

在我的出生地——湘中古城湘潭，至今仍留存着许多古建筑，关圣殿、鲁班殿、海会寺、昭山寺、望衡亭、陶侃墓……飞檐翘角，流金溢彩，使人产生一种古典的情怀与思绪。及长，得到许多旅游之机缘，每赴一处，我最喜欢去看的仍是那些古香古色的楼、台、亭、阁、榭、轩、廊、寺、庙、墓、园林……流连其间，不忍离去。

著名古建筑学家梁思成先生说："中国建筑既是延续了两千余年的一种工程技术，本身已造成一个艺术系统，许多建筑物便是我们文化的表现，艺术的大宗遗产。"（《中国建筑史》）

作为中国古建筑这个"艺术系统"，它的主导思想是什么呢？第一，体现一种伦理道德观念，让人遵德守序，去恶崇善；第二，体现一种"天人合一"，与自然和谐相处的意蕴。

当我们走进北京明、清的巨大建筑群故宫和一般的王府时，就会发现在建筑面积、建筑体量、建筑色调上的明显区别，是皇帝和臣子尊卑有序的反映。而走进祭祀祖先、供奉祖先神主的宗庙，高大恢宏，庄严肃穆，让人马上想起古人所说的"宗，尊也；庙，貌也，先祖形貌所在也"的教诲。即便是建筑构件，比如台阶（又称阶级），因级级向上，让人意识到"吾闻有国有家者，必明嫡庶之端，异尊卑之礼，使高下有差，阶级逾邈"（《三国志·顾谭传》）。另一个方面，古建筑讲究顺应自然，与自然糅为一体，并体现受益避害的特点，表达一种"人与人之间以及人与客观世界的内在关联"（王瑛《"善"与"真"的对话》）。这在古典园林的建筑中，表现得尤为突出。

建筑史上，一般将世界建筑分为两大类，即东方建筑和西方建筑。东方建筑以中国建筑为中心；西方建筑以欧洲建筑为中心，"它的源头是古代埃及和西亚建筑，金字塔、方尖碑、神庙建筑和神庙中柱式结构都在日后的建筑中保留和继承下来”（钱正坤《世界建筑史话》）。两类建筑的根本区别在于：“中国的建筑是人住的房子，西方建筑更像是神住的殿堂。它牵涉到一个以‘人’为中心和以‘神’为中心的文化概念。神是‘永恒’存在的，而人却是暂时存在的”（钱正坤《世界建筑史话》）。于是，西方建筑体现一种挑战自然、与时间抗争的思想。以石材为主要建筑材料来寻找“永恒”的存在，以直冲云霄的建筑高度来抗衡地心引力，同时，不惜花费巨大的工作量来完成它，比如雅典的奥林匹亚宙斯庙建筑群，前后用了近三百年的时间；罗马的圣彼得大教堂花了一百二十年方竣工。

中国古建筑正如明人计成在《园冶》中所言：“固作千年理，宁知百岁人，足以乐闲，悠然护宅。”意思是我们所创造的环境能适应自己可使用的年限就足够了。这种“不求原物长存之观念”（梁思成语），导致了中国古建筑以木结构为主的传统形式流传。历代刀、兵、水、火及雨、雪、风、霜的侵毁，这些建筑物自难长存。加之对毁坏的原物进行修复时，因时代更替，受新的伦理道德观念制约，随意删加内容，所以梁思成曾说过，这些古建筑即便留下了，也不是“当时”的原物。

中国古建筑总体布局方面，通常以院落组群为基本布局原则，强调群体的轴线，“一切组织均根据中线的发展，其布局秩序均为左右分立”（梁思成《中国建筑史》）。而西方建筑，“主要以表现单体的气势为目的”（刘先觉《定法异式殊途同归》）。

西方建筑最杰出的成就是创造了古典柱式。而中国古建筑则以“翼展之屋顶”、“斗拱为结构之关键”、“崇厚阶级之衬托”（梁思成语）等独特的形式自立于世。

这本小书是专谈中国古建筑的。

让我们用目光、用手、用心，去轻轻地触摸古建筑，去谛听它们的沧桑往事，去感悟它们的文化内蕴，去体味它们的余风流韵。

借用一句通俗的歌词：“请跟我来！”

爱上层楼

在中国古代，楼不仅是一种很有特色的建筑形式，同时也具有深刻的文化内涵和极复杂的情感因素。翻开历朝历代的诗文集，关于楼的词汇实在是太多了：高楼、小楼、楼台、红楼、翠楼、西楼、琼楼、龙楼、凤楼、江楼、山楼、画楼……因文人墨客的细致描绘，楼不仅只是各种建筑材料的组合，而且具有活的灵魂、活的情感，在中国人的心目中打下深深的烙印。

“楼，重屋也”(《说文解字》)，两层以上的房屋，便是楼了。最早的楼，相传出现于西周康王执政时期，函谷关令尹喜为迎候神仙降临，在终南山北麓修建了一座草楼。此后各种形式的楼，便纷纷出现，城楼、箭楼、敌楼、角楼、钟楼、鼓楼，建在高高的城台上；供佛用的楼，中间修建为空筒式，以便容纳体量高大的神佛；藏书楼前面皆有水池，以防火患；戏楼则是娱乐之所；而更为人喜闻乐见的是那种建在风景名胜地的楼，造型美观、雄奇，体现“楼以眺”的功能，可让人凭倚楼外的栏杆以穷千里之目，“独上高楼，望尽天涯路”(宋 · 晏殊《蝶恋花》)。

江南三大名楼，岳阳楼、滕王阁、黄鹤楼，分别屹立于洞庭湖、赣江和长江边，楼阁峥嵘，造型精美，在历史的流转中，忽毁忽修，一直断守到现在，已经成了一种民族文化的象征了。关于名楼的历史沿革，建筑风格，以及

名人留下的墨迹、楹联、诗文，永远散发着醉人的芬芳。范仲淹的《岳阳楼记》、王勃的《滕王阁序》、李白的《黄鹤楼送孟浩然之广陵》……在神州大地永不殒灭！我曾数次登岳阳楼，深为范仲淹"先天下之忧而忧，后天下之乐而乐"的胸襟、情操所感动，面对浩淼的湖水、悠淡的远山，尘俗之念一时尽去。

古人登楼远眺，赏景观光，往往感时伤事，寄托一种高远的怀抱。"花近高楼伤客心，万方多难此登临"(唐·杜甫《登楼》)；"何处望神州，满眼风光北固楼。千古兴亡多少事，悠悠，不尽长江滚滚流"(宋·辛弃疾《南乡子》)；"金陵城上西楼，倚清秋。……中原乱，簪缨散，几时收？……"(宋·朱敦儒《相见欢》)。他们抒发的是一种悲壮的爱国之情，以及不能为国为民分忧的身世之叹。

对于足不出户的古代妇女，登楼远眺，成了她们与外界沟通的唯一途径，以此来寄托对远行人的刻骨思念。"闺中少妇不知愁，春日凝妆上翠楼。忽见陌头杨柳色，悔教夫婿觅封侯"(唐·王昌龄《闺怨》)；"梳洗罢，独倚望江楼。过尽千帆皆不是，斜晖脉脉水悠悠，肠断白苹洲"(唐·温庭筠《忆江南》)；"梦后楼台高锁，酒醒帘幕低垂，去年春恨却来时"(宋·晏几道《临江仙》)。

对于一些具有特殊身份的人，楼往往是他们一种生存空间、一种生活形态的象征物，当时移世易，以及身世浮沉之时，面对楼及楼中楼外景物，其感慨尤为深重。南唐后主李煜，在国破家亡之际，吟道："凤阁龙楼连霄汉，玉树琼枝作烟萝，几曾识干戈"(《破阵子》)。在做了俘虏之后，他感叹"小楼昨夜又东风，故国不堪回首月明中"(《虞美人》)。

古楼犹在，新楼峙立，让我们在闲时登楼，远眺神州壮美风光，"爱上层楼，爱上层楼"(宋·辛弃疾《采桑子》)，为赋新诗岂有愁！

台观四方而高者

唐代诗人李白曾写过一首七律《登金陵凤凰台》:“凤凰台上凤凰游，凤去台空江自流。吴宫花草埋幽径，晋代衣冠成古丘。三山半落青天外，二水中分白鹭洲。总为浮云能蔽日，长安不见使人愁。”凤凰台在现在的南京，相传南朝刘宋元嘉年间，有五色大鸟三只，翔集山上，时人认为是凤凰，筑台于山上，称山为凤台山，称台为凤凰台(见《太平寰宇记》)。另一位唐诗人杜牧有七绝《赤壁》传世:“折戟沉沙铁未消，自将磨洗认前朝。东风不与周郎便，铜雀春深锁二乔。”这“铜雀”是指曹操耗资巨大在邺城所筑的铜雀台，台上建筑所盖之瓦，是用铅丹杂胡桃肉捣治而成，不渗漏，且雨过即干(见《春渚纪闻》)。

何谓为台?台原指高而平的建筑，“台观四方而高者”(《说文》)。古代的名台，一般都很高，或筑于山头，或平地而起，“台多方形，以土筑垒，其上或有亭榭之类”(梁思成《中国建筑史》)。如邯郸的赵王台高达七米，亳县的章华台高有百仞。

我国筑台的历史非常久远，如《诗经》中便记载:“经如灵台，经之，营之。”从春秋战国到汉魏，筑台之风一直很盛。其原因何在?其一，高台多为帝王兴建，造宫殿造台榭，都为炫耀一种威严与富有，如楚王造章华台，召见他国使者，使者登台要三休方达。其二，供帝王贵胄寻欢作乐，如铜雀台，曹操的姬妾大都集中于斯，急管繁弦，舞影翩翩。其三，“当时盛游猎之风，故喜园囿，其中最常见之建筑物厥为台。……可以登临远眺”(梁思成《中国建筑史》)。在另一些典籍中，也有为帝王筑台作辩解的，《五经异义》中说天子有三台：灵台以观天文，时台以观四方造化，囿台以观鸟兽鱼鳖。而《吕览》则说筑高台是“足以避燥湿而已矣”，似乎就有“美化”之嫌了。

随着岁月更替，台这种建筑的功能开始有所延伸。道家崇尚仙道，筑台只为求仙。陕西周至楼观台，老子在此讲授五千言的《道德经》；汉武帝信道，在长安建通天台，因高台接天，似乎离神仙很近。而音乐家筑台，只为声可传播广远，如战国时的大音乐家师旷在开封造繁台(原名吹台，繁姓住其侧，故改名为繁台)。还有汉中的拜将台，是韩信受封大将军之处；吴中的读书台，是吕蒙研读典籍之所；桐庐的钓鱼台，东汉时的隐士严光在此筑台钓鱼，怡然自乐。近代所建紫金山天文台，则为观天象所用。

台还成为一种纪念性的建筑。湖南桃江县桃骨台上的天问台，因传闻屈原在此作《天问》名诗，乃筑台以纪。四川乐山县的尔雅台，传闻汉代郭璞在此注释《尔雅》，后人乃筑台为念。还有老作家汪曾祺的故乡高邮有文游台，以纪念苏轼、孙觉、王巩等名流在此文酒诗会，令人景仰。

台在典籍中，又被引申为官署官衙的称谓，如御史台、秘书台；再由此引申为官衔，如抚台、道台、学台。也常被用作称谓的敬词，如台端、台兄、台甫等等。

在古诗中，描写台的名句多不胜举：“高台多悲风，朝日照北林”（魏 · 曹植《杂诗七首》）；“日暮东风春草绿，鹧鸪飞上越王台”（唐 · 窦巩《南游感兴》）；“古戍三秋雁，高台万木风”（明 · 屈大均《鲁连台》）；“雨花台上草青青，落日犹衔木末亭”（清 · 王乘篆《饮江上楼》）。

小憩此亭中

古人在评论各种建筑设施功能时，曾说："堂以宴，亭以憩，阁以眺，廊以吟"，此中的亭，是供人小憩之所。

"亭"字上半，是"高"字的省略，下半"丁"是声符。《释名》说："亭，停也，人所停集也。"在古代的驿道，十里一亭称为长亭，五里一亭称为短亭，能供人住宿、换马，"何处是归程，长亭更短亭"（唐·李白《菩萨蛮》）。另有一种称为旗亭的，建于市集之中，上立旗为观察指挥之所。《日知录》说："洛阳二十四街，街一亭，十二城门，门一亭，人谓之旗亭。"还有边境之亭，作看守烽火之用，"秦有小亭临境，吴起欲攻之"（《韩非子·七术》）。同时，亭又是地方建制，秦时十里为一亭，一亭一乡，设亭长一人，掌管治安诉讼，"亭，民所安也"（《说文》）。

但亭的主要功能是让人停憩，或立于半山，如南岳衡山半山亭，亭联就说明了这层意思："遵道而行，但到半山须努力；会心不远，欲登绝顶莫辞劳。"或建于山顶，以供舒缓疲劳，眺山望水，一展胸襟，如泰山顶亭，其联曰："四顾八荒茫，天何其高也；一览众山小，人奚足算哉！"。而建于园林中的亭，在让人作停驻之时，揽景会心，得到很多美的感受，故有人称亭是园林中的"诗眼"。"惟有此亭无一物，坐观万景得天全"（宋·苏轼《涵虚亭》）。在湖南岳麓山的爱晚亭，秋深可观赏"霜叶红于二月花"的美景；在

西湖孤山亭，可领悟“不雨山常绿，无心水自阴”的妙旨；在苏州拙政园的荷风四面亭，可感受夏秋的荷风荷气荷香，令人心清神爽……

亭，在古代建筑中有半亭和独立亭之别，前者多与走廊相联，依壁而建。后者则可依地形地貌及风景特点而设。亭的造势无定格，有三角、四角、梅花、六角、横圭、八角、圆形、扇形，以及十字形等。亭的屋盖除攒尖之外，歇山顶较为普遍。柱间一般不设门窗，下部多设平栏或美人靠，可倚可坐，十分舒适。

天下名亭多矣，或因名人的诗文传世而经久不衰：如兰亭，因王羲之的《兰亭序》的妙文和墨宝为古今所瞩目；如醉翁亭，声名来自欧阳修的《醉翁亭记》；放鹤亭、喜雨亭，皆依苏东坡的《放鹤亭记》、《喜雨亭记》而世人皆知；如爱晚亭之名，则出自杜牧的“停车坐爱枫林晚”。或因名人的一段史实，因而为后人所津津乐道：如济南大名湖一小岛上的历下亭，诗人杜甫与书法家李北海相会于斯；如苏州的沧浪亭，由北宋苏舜钦建，他居高官以鼓吹新政为能事，终受处分，退隐回苏州，一腔抱负难伸，颇为人敬重。或为纪念先贤以教化后人：如四川绵阳的子云亭，是为纪念西汉文学家杨雄的；如浙江绍兴的风雨亭，是纪念清末女革命家秋瑾的，其名出自她的名句“秋风秋雨愁煞人”；如杭州西湖的翠微亭，是纪念抗金名将岳飞的，因岳飞有《池州翠微亭》一诗曰：“经年尘土满征衣，特特寻芳上翠微。好山好水看不足，马蹄催趁月明归。”

在山水风光之中，我每入亭小憩，既歇足又从容观景，常会想到小说创作中的“停顿”，即在顺主流而下的叙述中，有意地控制住文字，稍作变化而言它，似离题而实与题相呼应，这便是“闲笔”的运用。老作家汪曾祺先生最谙此道，在急促的叙述中，让读者喘口气儿，然后再把一个高潮掷到你面前，让人惊叹不已！

杰阁峥嵘

千百年来，巍然屹立于南昌赣江之滨的滕王阁，是一座古今闻名的杰阁。碧瓦丹柱，画栋雕梁，飞檐翘脊，高耸云天，呈现出一派古典建筑风貌。我因小时候熟知唐人王勃的《滕王阁序》，又数次有幸登阁游览，常为名文名阁互相辉映而惊叹不已。“……层台耸翠，上出重霄；飞阁流丹，下临无地。鹤汀凫渚，穷岛屿之萦回；桂殿兰宫，列冈峦之体势。披绣闼，俯雕甍，山原旷其盈视，川泽纡其骇瞩……落霞与孤鹜齐飞，秋水共长天一色……”

因有王勃的名文，而使滕王阁声名更著。历朝历代，多少文人墨客登阁远眺，抚今追昔，留下无数佳作杰构！“高阁临江渚。访层城，空余旧迹，黯然怀古。画栋珠帘当日事，不见朝云暮雨”（宋·辛弃疾《贺新郎·赋滕王阁》）；“回首十年此漂泊，阁前新柳已成行”（宋·文天祥《滕王阁》）；“依然极浦生秋水，终古寒潮送夕阳”（清·何栻题滕王阁联语）。

清人尚镕在他的《忆滕王阁》一诗中说：“黄鹤盘鄂渚，岳阳据巴丘。吾乡滕王阁，鼎足成千秋。”滕王阁、岳阳楼、黄鹤楼并称为“江南三大名楼”，那么阁与楼的区别何在呢？

“阁”的原意是指长长的木橛，放在门两边，在门开启之后，用它来防止门自动闭合，故《说文》称“阁”是用以止扉的。“阁”即是长木，横过来即可搁物，名曰：搁子。“阁”是架空的，于是凿山岩铺板梁为阁，即栈阁之阁。《尔雅》说：“阁，楼也。”

“楼，重屋也”（《说文》）。两层或两层以上的多层建筑，才能称之为楼。但阁与之有所不同，多层的可称之为阁，一层的也可称之为阁，前者如滕王阁，后者如北京颐和园中的宝云阁。另外，称之为阁的，一般来说多用于存书、供佛、倡导文教，如天一阁、文渊阁、观音阁、大乘阁、藏经阁、文津阁、文昌阁等等。在建筑特点上，名胜楼阁的阁“通常四周开窗，有画栏回廊，且多为攒尖顶，外形近于塔，但体量阔大，层次较少，而且阁比塔的变化大，风格独特的不少”（纪德

裕《从木橛到殿阁》)。如长沙天心阁，建在隆起的山岗上，地势高峻，建阁能够振势；云南三清阁建在昆明西山罗汉崖上，依山而立，有如空中楼阁；山东蓬莱县的蓬莱阁，雄踞于丹崖山山顶，濒临大海，巍峨壮观。

阁在古代又被引申为官衙或官衔称谓。唐代光宅元年改中书省为凤阁，中书舍人中资深者称为阁老。宋代设殿阁学士，是执政大臣的荣衔。明清把进士中一部分人选入翰林院谓之馆阁之选。以后，又引申为对他人的敬称，曰：阁下。

山东蓬莱系已故著名散文家杨朔的故乡。他在《海市》中写道："特别是城北丹崖山峭壁上那座凌空欲飞的蓬莱阁，更有气势。你倚在阁上，一望那海天茫茫、空明澄碧的景色，真可以把你的五脏六腑都洗得干干净净。这还不足为奇，最奇的是海上偶然间出现的幻景，叫海市。"

何时能一登蓬莱阁，一睹海市奇观，那是一件多么让人惬意的事！

无梁殿和断梁殿

“殿，击声也”(《说文》)。殿的原意为击声，以后借用为建筑物的名称，不过是泛指高大的堂屋。《汉书·黄霸传》说：“先上殿。”颜师古注曰：“古者屋之高严，通呼为殿，不必宫中也。”所以最初的殿并不是皇宫的专利。但随着时间的递进，后来殿专指帝王所居或供奉神佛的庄严雄伟的建筑物，如故宫中的太和殿，寺院中的大雄宝殿。

殿，又有镇抚之意，《诗经·小雅·采菽》云：“殿，天子之邦。”

古代科举考试中的状元，又称殿元，因为状元为殿试一甲第一名。

殿，在皇宫中，或作为帝王的办公、居住之所，或成为他们荒淫享乐的地方，“晓妆初了明霜雪，春殿嫔娥鱼贯列。风箫声断水云闲，重按霓裳歌遍彻”(南唐·李煜《木兰花》)；“歌台暖响，春光融融；舞殿冷袖，风雨凄凄”(唐·杜牧《阿房宫赋》)。

但就古建筑形式而言，不论是皇宫中的殿，还是寺庙中的殿，现存于世的都是一些经典之作，可说是无价之宝。在这些殿中，除常规建筑样式之外，更有一些创新的品类，如无梁殿和断梁殿，格外引人注目。

无梁殿隶属于南京灵谷寺，此寺是十朝都会的千年古刹，始修于梁天监十三年(514年)。明洪武十四年(1381年)，朱元璋在独龙阜建孝陵，便将原建在南玩珠峰前的寺和塔迁来独龙岗，改寺名为灵谷寺，占地五百余亩。以后陆续而成的主要建筑有金刚殿、天王殿、无梁殿、五方殿、毗卢殿、观音阁、大宝法王殿、祖师殿、韦驮殿等。此中的无梁殿称为杰构，全部以砖砌成，以砖券代替木梁，顶为穹窿形；正面五开间，每间一券，中央一间券洞最大，五券排成一排，庄严壮阔；殿顶为重檐九脊琉璃瓦，大屋脊上竖有三个琉璃制的金顶，檐下有挑出的斗拱。整个大殿未用一寸木材，故经历刀兵水火，犹保存完好。

梁思成说："我国用券之始，虽远溯汉代，然其应用，实以墓藏为主。其用于地面，虽偶见于桥梁及砖塔之门窗，然在宋代，城门仍作梯形。其用作殿堂之结构，则明中叶以后始见也。"(《中国建筑史》)

断梁殿在苏州的虎丘。进入斯处，过头山门，到横跨环山河上的海涌桥，桥的北面平台上便可见到断梁殿。

此殿建于元代末年，为一座三开间的建筑，造型和结构既有园林轻盈细巧的特点，又不失唐宋建筑雄伟洗炼的风格，单檐飞翘，青瓦白墙，精工细雕，很是中看。你若举头仰望，会发现横跨山门的大梁，不偏不倚在正中一断为二。

中国古代建筑的开间一般为奇数，如果面阔三间或五间，那么相应就有三根或五根主梁，梁的两端或搁在中间屋架上，或搁在两旁山墙的屋架上，梁的数量和开间的数量相等。

相传因皇帝南巡，为恭迎圣驾，虎丘添建二山门。时间紧迫，忙乱中配料出错，原本三开间需配三根主梁，却只配了两根，好在两根木头比原定的尺寸长，聪明的工匠就在两边架起两根梁，长出的部分伸向中间，用两根长木担当三根梁的重任，成为悬挑梁。传说未必是真，但悬挑梁这种样式成为一种特例，创造了为人所重的断梁殿。

中国古建筑，多为千百万无名工匠所造，鲜有留下姓名者，每每留连其间，生发出由衷的敬佩！

皇 宫

到北京不可不访故宫，从中可以了解明清皇宫的布局。从天安门北上，穿端门，进午门，领略前三大殿的雄伟和内寝后三宫的雍华，以及昔日御花园的瑰丽。正如建筑学家梁思成所说的，皇宫“大都指由多数之殿乃至台榭阁廊簇拥而成之集体而言”(《中国建筑史》)。

“宫”是一个象形字，宝盖头下画的是一个连环室。在古代，宫是房屋的通称，并无什么特别之处，“宫谓之室，室谓之宫”(《释名》)，没有贵贱之别。《战国策·苏秦以连横说秦》写苏秦得志归家，“父母闻之，清宫除道，张乐设饮，郊迎三十里”，此中的“清宫”即打扫房子，那时的苏秦尚未大发迹，不过拥有普通的房子罢了。

到秦、汉以后，宫才成为帝王的专利，所指的不再是仕宦和老百姓的居所。秦造阿房宫，汉造未央宫、长乐宫、建章宫，每个宫都是一个大型的建筑群，如未央宫，由“承明”、“清凉”、“宣室”等几十个宫殿、台阁组成，周长十一里。《史记》中曾描绘了阿房宫的大致轮廓：“先作前殿阿房，东西五百步，南北五十丈，上可座万人，下可以建五丈旗。周驰为阁道，自殿下直抵南山。表南山之颠以为阙，为复道，自阿房渡渭，属之咸阳。”

唐诗人杜牧曾有一篇收入《古文观止》的名文《阿房宫赋》，其写作动机是因“宝历间大起宫室，广声色，故作《阿房宫赋》”(杜牧《上知己文章启》)，以借古讽今，但却为我们描绘出秦时皇家宫室的景象：“覆压三百余里，隔离天日。骊山北构而西折，直走咸阳。二川溶溶，流入宫墙。五步一楼，十步一阁；廊腰缦回，檐牙高啄；各抱地势，钩心斗角。盘盘焉，囷囷焉，蜂房水涡，矗不知其几千万落。长桥卧波，未云何龙？复道行空，不霁何虹？高低冥迷，不知西东。歌台暖响，春光融融；舞殿冷袖，风雨凄凄。一日之内，一宫之间，而气候不齐。”这自然带有诗人的夸张和渲染，但规模宏伟、耗资巨大却是不争的事实。

历代帝王还大量修建行宫，以供休憩和娱乐，如唐明皇所造的华清宫，桂殿兰阁，雕梁画栋，还有专供洗浴的华清池。唐诗人白居易在《长恨歌》中写道："春寒赐浴华清池，温泉水滑洗凝脂，侍儿扶起娇无力，始是新承恩泽时。"从中可见此中陈设之精良，生活之奢侈。

每当一个朝代衰朽，造反者砺兵秣马势不可挡，而这种帝王之宫也成为最大的打击目标，"戍卒叫，函谷举，楚人一炬，可怜焦土"(《阿房宫赋》)，通通毁于战火之中。故中国古代以砖、木为主要材料的建筑物，保存至今的十分稀少。

宫虽说是古代帝王的专利，但亦与道教结缘。唐以后的道教寺庙，多有称为"宫"的，如浙江临安的洞霄宫、河南鹿邑的太清宫。佛教圣地也有称宫的，如布达拉宫。

在当代画家中，能极准确、细致地描绘宫殿的画家要数黄秋园。他擅长工笔重彩山水画——界画，是继承清代袁江、袁耀叔侄之衣钵者。黄秋园的杰作《宫图》，"着重历史感的体现，他笔下的汉唐宫阙，虽大多出于想像，但加上人物的描绘，刻意地渲染出往古的气息，笔法劲健峭拔，设色纯净古朴，颇有博大疏朗的气象，毫无俗工之气"(孙克《不废江河万古流——黄秋园的山水画艺术》)。

铜人承露

汉武帝刘彻是个具有雄才大略的君王，且善辞章。他曾写过一篇《秋风辞》，其中有“欢乐极兮哀情多，少壮几时奈老何”的句子，感叹人生短促，欢乐难永。他也和秦始皇等许多皇帝一样，祈愿长生不老，尽享尊荣。他曾命人以铜铸成铜人，立于汉宫前的柏梁台上，伸开手掌，捧着铜盘，承接空中的露水。他用这种露水和玉屑拌和，制作所谓长生不死之药，以供服用。

《汉书·郊祀志》载：“又作柏梁铜柱承露仙人掌之属矣。”《三辅黄图》引《庙记》：“神明台，武帝造，祭仙人处。上有承露盘，有仙人舒掌捧铜盘玉杯，以承云表之露，和玉屑饮之以求仙道。”

在汉代，因国力雄厚，冶炼技术发达，宫殿前喜欢铸铜人以炫耀帝王的尊贵威严，“复修玉堂殿，铸铜人四”（《后汉书·灵帝纪》），李贤注：“时使掖廷令毕岚铸铜人，列于苍龙、玄武阙外。”铜人又名金人，东汉著名史学家、文学家班固在《西都赋》中说：“立金人于端闱。”宫西北门谓之端闱，这里是泛指宫门。

汉武帝虽以铜人承露，但他到底不能生命不灭。到魏明帝曹睿（曹操的孙子）时，他又重蹈旧辙，为求长生不老，下诏将承露铜人搬往魏的京都洛阳，但“盘拆，铜人重不可致，留于霸城”（《魏略》）。相传，在搬迁铜人出宫时，铜人的眼中流出了泪水。

唐代诗人李贺，写了一首《金铜仙人辞汉歌》，他在诗序中说：“魏明帝青龙元年八月，诏宫官牵车西取汉孝武捧露盘仙人，欲立置前殿。宫官既拆盘，仙人临载乃潸然泪下……”这首诗更是写得想像丰富，警策动人：“……衰兰送客咸阳道，天若有情天亦老。携盘独出月荒凉，渭城已远波声小。”

还有一位梁代的官吏沈炯，作了西魏的俘虏，途经汉武帝的通天台时，作了一篇名赋《经通天台奏汉武帝表》。汉武帝当然早已作古，葬于茂陵。他借此赋来抒发自己的身世之叹，同时针砭了汉武帝“汉道既登，神仙可望……横中流于汾河，指柏梁而高宴，何其甚乐！”，最终却是“运属上仙，道穷晏驾（武帝死亡）。甲帐珠帘，一朝零落”。

后来的封建王朝，在建造宫殿时，“仙人掌承露盘”仍是宫门前的一个重要摆设。《金瓶梅》第七十八回中写道：“李三道：‘老爹还不知，如今朝廷皇城内新盖的艮岳，改为寿岳，上面起盖许多亭台殿阁，又建上清宝箓宫、会真堂、璇神殿，又是香妃娘娘梳妆阁，都用着这奇禽异兽，周彝商鼎，汉篆秦炉，宣王石鼓，历代铜鞮，仙人承露盘，并希世古董，玩器摆设，好不大兴工程，好少钱粮！’”

宏伟的布达拉宫

当你行旅的脚步，踏入西藏的拉萨，你自然是要去谒访世界闻名的布达拉宫的，它宏伟、庄严、神秘。

布达拉宫兴建于七世纪。松赞干布为迎接唐朝的文成公主，特地“别建宫室”，“为公主筑一城以夸后世”。据史书记载，当时在拉萨的红山周围，筑起了三道城墙，建造了九百九十九间房子，连同山顶红楼共一千间，富丽堂皇，藏王和公主婚后就住在这里。这便是布达拉宫的雏形。到了十七世纪中叶，达赖五世阿旺洛桑嘉措受清朝册封后，再进行了重建和扩建，动用了巨大的人力、物力，并集中了全藏最优秀的建筑、冶炼、绘画和雕塑等各类艺工匠师，《五世达赖灵塔目录》中，有名有姓的就达一千五百五十九名之多。同时，汉、蒙、满等民族的能工巧匠，以及尼泊尔的匠师，都应聘参与了此项工程，使得布达拉宫流光溢彩，举世夸赞。

布达拉宫的建筑群体依山构筑，层层递进，重叠而上，把整个一座红山用殿宇覆盖。宫是一座山，山是一座宫，形成了一个巨大的梯形塔式建筑群。它凭借山势，拔地凌空，最高的殿顶距平地有两百余米；外观十三层，实为九层。其恢宏气势全在于它是一个东西长三百六十米、南北厚度达一百四十米的巨大整体！高达百米的宫墙势若刀劈，据说最厚处达五米，到宫顶收缩为一米，部分墙体中还灌了铁汁。

布达拉宫的主体建筑分为红宫和白宫两部分。红宫外墙刷着赭红色的石粉，位于全宫的中央，金色屋顶与白色宫墙衬托着它，分外辉煌夺目。红宫中存放着用黄金和珠宝制成的历代达赖的灵骨塔。白宫在红宫的两翼，是达赖的寝宫、经堂、会客厅和办公处等。它处在布达拉宫的最高处，阳光终日映射，故称之为日光殿。因布达拉宫内房子繁多，进入此中如陷落迷宫，难辨东西南北。

布达拉宫在清代重建和扩建时，每天在现场参加施工的达七千人，都是自带口粮，无任何报酬。仅红宫一处，就耗费白银二百多万两，历时四年；红宫内主要佛殿有达赖世系殿、持明佛殿、菩提道次弟殿、药王殿、释迦牟尼殿、法王禅定殿、时轮佛殿、圣者殿、无量寿佛殿、殊胜三地殿、坛城殿、上师殿、弥勒佛殿等。法王禅定殿(又称法王禅定洞)为唐时建筑，并使它融入红宫的整体建筑风格中，可谓奇绝。

1961 年，布达拉宫被列为全国第一批重点文物保护单位，国家每年都专拨巨款进行修缮。

钱正坤在《世界建筑史话》中说："在三百多年前，藏族人民用何等的毅力、勇气，集中了多少财力、物力，在一千多年前的遗址上修起如此巨大的建筑物，真可谓人间奇观。它不仅是达赖喇嘛的行宫，也是全西藏人民的圣地和纪念碑。"

《名胜集 · 文成公主与布达拉宫》赞颂曰："布达拉宫是一座金色的宫殿、历史的宫殿、艺术的宫殿、知识的宫殿，更是一座象征民族团结的宫殿。"

候馆梅残

“候馆梅残，溪桥柳细，草熏风暖摇征辔，离愁渐远渐无穷，迢迢不断如春水”(宋·欧阳修《踏莎行》)。这“候馆”即是旅馆、旅舍之意。

“可堪孤馆闭春寒，杜鹃声里斜阳暮”(宋·秦观《踏莎行·郴州旅舍》)。这“孤馆”自然是指旅舍了。

“馆，客舍也”(清·王筠《说文句读》)。“馆”与“舘”相通，是接待行旅之人的场所，“五十里有市，市有馆”(《周礼》)，建在驿路边的称之为驿馆。旅馆、旅舍、旅店、驿馆，以及邸，指的是同一种建筑物。古代交通不便，漂泊、羁旅之人，在馆舍之中，往往离愁别绪尽上心头，加之身世沉浮，感时伤事，便以诗文倾诉之，而产生了许多名作，足可以编成一本关于中国旅馆文学大集。宋代诗人林升，客居南宋小王朝的盘踞地杭州，深恨统治者的醉于歌舞、不思收复失地，在《题临安邸》中写道：“山外青山楼外楼，西湖歌舞几时休。暖风熏得游人醉，直把杭州作汴州。”另一位宋代诗人路德章，居留江苏淮河边《盱眙旅舍》，亦有此意：“道旁草屋两三家，见客擂麻旋点茶。渐近中原语音好，不知淮水是天涯。”

中国是礼仪之邦，作为政府接待宾客的“迎宾馆”的名称，最早见于清末。《燕都丛考》记载，宣统年间，清廷在北京东单石大人胡同建筑“迎宾馆”，“以招待外宾者也”。门面为明清王府制，四周有高高的围墙，馆舍则为西洋式楼房。数点中国历史，春秋时期的“诸侯馆”和战国时期的“传舍”，即是“迎宾馆”最早的形式。“庄公元年秋，筑王姬之馆”(《左传》)；“襄公三十一年……筑诸侯之馆”(《左传》)；“令鼻之入秦之传舍”(《战国策·魏策》)。西汉时于长安设“蛮夷邸”，亦是供使者和商人食宿之处。南北朝时的“四夷馆”，隋、唐、宋时的“四方馆”，明代于北京所设的“会同馆”，皆有同等功能。

庄裕光先生说:“至于馆,往往是指一组建筑而言,和院有着相同的含义,如《红楼梦》中的‘怡红院’、‘潇湘馆’等即是。”(《厅、堂、亭、榭、舫》)

潇湘馆是林黛玉的寓所。将馆称之为寓所,在史籍中亦有记载:“公祭钟巫,齐斋于社圃,馆于寪氏”(《左传》)。馆,又是房舍建置的通称,“于是乎,离宫别馆,弥山跨谷”(汉·司马相如《上林赋》);“访帝子于长洲,得仙人之旧馆”(唐·王勃《滕王阁序》)。书塾,也名之为馆,如蒙馆、教馆。还有一些公共文化设施,如图书馆、博物馆、文化馆、展览馆之属。

在旧时代,各地都有一种“会馆”性质的建筑物,是外埠人在本地住宿、交谊、聚会的场所。如北京的“湘西会馆”,著名作家沈从文自湖南湘西进京,即寓居于此。会馆供食宿,尽同乡之谊,郁达夫曾去“湘西会馆”探看当时还是文学青年的沈从文,并给予热情的帮助。

我的出生地湖南湘潭,有一座很恢宏的“江西会馆”,门楼、庭院、馆舍、亭台,一应俱全。因江西在此经营药材业的人很多,故而有此建构。

说到“馆”,不能不想起清代文豪龚自珍的《病梅馆记》,此文以作者力图解脱病梅,使它获得新生的事作比喻,控诉了封建统治阶级及其帮凶们摧残人才、箝制思想的罪恶,反映了一种追求个性解放的强烈欲望,至今读来,犹警醒人心!“穷予生之光阴,以疗梅也哉!”

堂堂正正的堂

在古代的园林建筑中，堂是气势宏大的主体建筑，往往雄踞于主入口附近或处在重要的地段上，讲究造型壮伟庄严。古人称“堂以宴”，是一种接待客人和宴请朋侣的礼仪场所。故由“堂”的建筑面貌引申出堂堂正正、堂皇等词语。

扬州的平山堂，相传是宋庆历八年(1048年)欧阳修来守扬州时所建，因江南诸山，如同到堂下，拱揖栏前，若可攀跻一堂，而名之曰“平山堂”。陈从周在《瘦西湖漫谈》中说：“平山堂是瘦西湖一带最高的踞点，堂前可眺望江南山色，有一联将景物概括殆尽：‘晓起凭栏，六代青山都到眼；晚来把酒，二分明月正当头。’”欧阳修常于此堂宴请宾客，他写了一首词《朝中措》以记其况：“平山栏杆倚晴空，山色有无中；手种堂前杨柳，别来几度春风。风流太守，挥毫万字，一饮千钟；行乐直须年少，尊前看取衰翁。”

如果你去过苏州的拙政园，进腰门，迎面一座黄石假山，用以障景，免使园景一览无余；往左经曲廊绕过假山，小桥横跨一泓清水，过桥便是远香堂。这远香堂是园林中部的主体建筑，属四面厅类型，南北是门，东西皆窗，可以四面观景。

在一般情况下，我们常“厅堂”并称。但深究，厅在某些时候似乎是一个比堂小些的建筑单位，如轿厅、花厅、船厅；如鸳鸯厅，是用屏风、罩或格扇将堂内部较大空间分为前后两大部分，装修、陈设各不相同，故有鸳鸯厅之称。

明末计成在《园冶》中说：“虚之(者)为堂。堂者，当也。谓当正向阳之屋，以取堂堂高显之义。”又说：“凡园圃立基，定厅堂为主，先乎取景，妙在朝南。”

由于堂的高大庄严，故官署的大堂称为堂皇；办理案牍的官厅，称之为公堂；一些现代的巨大的公共建筑，也命名为堂，如北京人民大会堂、毛主席纪念堂。

古代宫室，先为堂，后为室。“由(仲由)也升堂矣，未入于室也”(《论语 · 先进》)，于是“升堂入室”用来比喻对学问的循序渐进。与此相关的词曰：“堂奥”，“奥”是堂的西北隅，堂奥即堂的深处，“无能老蝙蝠，乘夜出堂奥”(唐 · 张耒《夏日杂感》)，引申为深奥的义理，故有“深入堂奥”之说。厅堂的两侧称之为“堂廉”，《仪礼 · 乡饮酒礼》：“设席于堂廉，东上。”郑玄注：“侧边曰廉。”

在北京颐和园，有好几座堂的建筑物，如涵虚堂，联语为：“碧通一径晴烟润；翠滴千峰宿雨收。”建筑风格庄重，而联语令人咀嚼有余甘。知春堂的联语：“七宝栏杆千岁石；十洲烟景四时花。”涵远堂联语：“西岭烟霞生袖底；东洲云海落樽前。”这些联语往往境界开阔，用语雄健，与堂之建筑物互相辉映，让人产生崇仰之意。为人处世，亦应如堂：堂堂正正做人，扎扎实实做事！

古人称父母为“高堂”，“君不见高堂明镜悲白发，朝如青丝暮成雪”(唐 · 李白《将进酒》)。明清时大学士别称“中堂”，曾国藩、左宗棠都任过此职。

清幽文雅一轩中

《红楼梦》中写到大观园初成，贾政领着儿子宝玉及一帮清客进行勘查，慢慢深入，走进游廊，“只见上面五间清厦连着卷棚，四面出廊，绿窗油壁，更比前几处清雅不同。贾政叹道：‘此轩中煮茶操琴，亦不必再焚名香矣。’……”于是命人拟横额对联，但都被宝玉否定，并灵思涌动，拟匾额为“蘅芷清芬”，对联则是：“吟成豆蔻才犹艳；睡足酴醿梦也香。”因园林建筑中的轩，多为文人墨客聚会之处，讲究清幽文雅，而宝玉的额与联极切合此中意蕴，贾政虽口说“不足为奇”，而心中却是赞许的。

何谓为轩呢？

轩原本是古代一种前顶较高而有帷幕的车子，供大夫以上乘坐。《左传·闵公二年》载：“卫懿公好鹤，鹤有乘轩者。”可见这鹤的尊贵了。后来这种车子的形状被引入建筑艺术中，将有窗槛的长廊或小室称之为轩，“啸傲东轩下”（晋·陶潜《饮酒》）；“开轩纳微凉”（唐·杜甫《夏夜叹》）。同时，古人还把殿堂前檐下的平台，称之为临轩。

说得更具体些，“在庭园建筑中，轩有两种布置形式：一种是廊子中段局部加宽加高，背景一面用墙或隔断封闭，可供起坐的空间；另一种是书房或客厅的前面敞廊适当加宽或抬高，可放置桌椅供人休息之地。一般来说，庭院中的轩多为文人墨客聚会之所，要求环境安静，造型朴实，并多用传统书画、匾额对联点缀，能给人以含蓄、典雅的情趣”（庄裕光《古建春秋》）。

河北保定市中心有风景胜地莲花池，至今已有七百多年历史。此中楼台轩榭，布置精美，过响琴桥，向东可通往“高芬轩”。“高芬轩”前后两间，在莲池北岸，临池而建。外有平台突入池中，内有穿廊复道。轩内北墙嵌有康熙皇帝擘窠大字“龙飞”。轩西有一尊高大的太湖石，上镌篆书“太保峰”，楷书落款为“门人贵郡顾硕为先师郑襄敏公题，万历甲辰夏日”。轩后为碑刻长廊，长达三十三间，廊内嵌碑刻八十余方，多为历代名家的书法精品。

因轩多为文人墨客雅集之处，故它的匾额、对联十分讲究，而且大多出自名人笔下。如苏州网师园之“小小丛桂轩”，清代大书法家何绍基题联为：“山势盘陀真是画，泉流宛委遂成书。”他为此园中另一个“看松陵画轩”，也题了一联：“满地绿阴飞燕子，一帘晴雪卷梅花。”山东济南大名湖有“名士轩”，清人崇雨舲题联曰：“杨柳春风，万里极乐；芙蕖明月，一片大明。”北京颐和园养云轩，乾隆皇帝题联为：“天外是银河，烟波宛转；云中开翠幄，香雨霏微。”

《辞海·轩》中说“车顶前高如仰之貌，故引申为高扬飞举。”宋辛弃疾《贺新郎》词中有“逸气轩眉宇”，即用此意。还解释说轩是“楼板、槛板”，“重轩三阶，闺房周通”(《后汉书·班固传》)，李贤注“轩，楼板也”；“月上轩而飞光”(《文选·江淹·别赋》)，李善注“轩”为“槛板也”。

用“轩”而引申出的词语、成语不少，如：轩昂、轩敞、轩朗、轩翥、轩骞、轩豁、轩然大波……

香雾空蒙月转廊

苏东坡在《海棠》一诗中写道："东风袅袅泛崇光，香雾空蒙月转廊。只恐夜深花睡去，故烧高烛照红妆。"

廊是园林、庭院建筑中一种常见的形式，它指屋檐下的过道或独立有顶的通道，有走廊、游廊、廊庑、回廊等称谓。颐和园里最著名的景物，要推由邀月门开始的七百米长的长廊。在长廊的天棚和梁柱上，缀满了彩色绚丽的图画，游人边行边看四周风景，亦可欣赏精湛的绘画艺术，确实是一大享受。而在颐和园万寿山的东麓，有一个谐趣园，园内河池数亩，环池建筑古香古色，连以回廊，组织得十分紧凑。

廊在园林建筑中，有着多种作用，第一是连接各个景点，使之成为一个有机的整体。"进了宫门，即临荷池，隔水同'洗秋'相望，南有知春亭和'引镜'，用回廊连接在一起。……从'洗秋'向北，有廊连着'饮绿'，正是湖岸转折处，使人豁然开朗。隔水相对，是全园的主体建筑涵远堂。……尤其同它们之间的联系回廊和小巧玲珑的几座亭建相比，就更显示其宏伟的气势了。"（《中国古典名园·谐趣园》）

廊还有"过渡"的作用，与桥酷似。故园林大家陈从周说："楼阁以廊为过渡，溪流以桥为过渡。色泽由绚丽而归平淡，无中间之色不见调和，画中所用补笔接气，皆为

过渡之法，无过渡，则气不贯，园不空灵。”（《说园·五》）

廊还有隔景的功能，“园林与建筑之空间，隔则深，畅则浅，斯理甚明，故假山、廊、桥、花墙、屏、幕、隔窗、书架、博物架等，皆起隔的作用”（陈从周《说园·四》）。在谐趣园中，湖池西北的水口处，以回廊分割南北空间，使之景境深邃。在苏州怡园的复廊，“因岁寒草堂与拜石轩之间不为西向阳光与朔风所直射，用以阻之，而阳光透过漏窗，其图案更觉玲珑剔透”（陈从周《苏州园林概述》）。

廊有陆上、水上之分，又有曲廊、直廊之别。《红楼梦》第三回中，还说到“抄手（超手）游廊”和“穿山游廊”，前者指由垂花门入内，左右包绕庭院至正房的走廊；后者的“山”指山墙（墙的上部形如山峰），即从山墙开门接起的游廊。水廊最妙的，为苏州拙政园西部之所设，曲折有致，并有适当的坡度。

在江南的著名园林中，廊往往配以阑（栏）。李斗说：“廊之有阑，如美人服半臂，腰之为细。其上置板为飞来椅，亦名美人靠，其中广者为轩。”同时，在廊边往往点缀一些有特色的植物，如竹、柳、蕉、海棠，让人流连再三，不忍离去。

明人祁彪佳在《寓山注》一组文章中，写到他在绍兴寓山所建的一座别墅，中有水明廊、酣漱廊。《酣漱廊》云：“环园多曲廊。下独以水明著，水胜故；上独以酣漱著，石胜故也。循廊而下达笛亭，仄嶂云崩，奇峰霞举至于寸峦尺石，靡不磈确硌岈，有凫没鸾翔之势。尽取以供砺齿物，余之于漱也太酣矣。然余性不能饮一蕉叶，而偏于是焉酣之，虽是洗耳辈嫌其多事，似犹胜竹林嵇、阮流也。”

这是一条何其美丽而高洁的曲廊啊！

水云拂榭

宋代爱国词人辛弃疾，曾写过一首名词《永遇乐·京口北固亭怀古》：“千古江山，英雄无觅孙仲谋处。舞榭歌台，风流总被雨打风吹去……”

这词中提及的“榭”到底为何物？在古建筑的样式中，榭是建在高台上的敞屋，如舞榭、水榭。“惟宫室台榭”（《书·泰誓上》），注解为“土高曰台，有木曰榭”。在古代最早的汉字中，并没有“榭”字，作“射”或“谢”，以后才根据它的结构材料，变成了“榭”。榭除了指高台上木结构的敞屋外，还有内无房间的庙堂亦称榭；另外指古代的讲武堂，“三郤将谋于榭”（《左传·成公十七年》），“榭不过讲军实”（《国语·楚语上》）。

庄裕光在《古建春秋》中说：“榭从木，意为凡建筑的一部或全部用木挑出，或凌空支撑者皆可称榭。现多用于临水建造的游憩性建筑，称水榭。榭多用于玩水、赏鱼或观花之用，故其造型轻盈活泼，较多采用开敞的形式。”

苏州的怡园，是花园、住宅、义庄、祠堂组合而成的典型绅宦私人苑圃，面积有九亩之大。清代俞樾在《怡园记》中记载，其园西以水为胜，藕香榭、小沧浪等以水为景装点其间，别有一种静谧的情趣。榭中有佚名者留下的对联，道尽了此中风韵。其一：“竹枝敲苔，倚窗小梅索句；帘波浸笋，闭门明月关心。”其二：“流水洗花颜，拥莲媛三千，耐道采菱波狭；紫宵承露掌，倚瑶台十二，犹闻凭袖香留。”其三：“水云乡，松菊径，鸥鸟伴，凤凰巢，醉帽吟鞭，烟雨偏宜晴亦好；盘石亭，辋川图，谪仙诗，居士谱，酒群花队，主人起舞客高歌。”

假如我们去扬州，不可不去瘦西湖，而临水而筑的春草池塘吟榭和澄鲜水榭，尤值驻足。前者之名源自晋代诗人谢灵运的“池塘生春草”的名句。榭中稍憩，可遥想前贤，近观美景，并可读到隽秀雅丽的联语：“碧落青山飘古韵，绿波春浪满前坡”；“以少胜多，瑶草琪花荣四季；即小观大，方丈蓬莱见一斑”。而后者观山观水观鱼观花，晴雨皆佳，其联曰：“具体而微，居然峭壁悬崖，平沙阔水；托根虽浅，何妨虬枝铁干，密叶繁花。”

无独有偶，《红楼梦》中，贾惜春之住所也称为藕香榭。不过，因是住所，便不能是敞屋，虽建在池中，却是四面有窗，左右有曲廊相通，并跨水接岸。榭中柱上挂有黑漆嵌蚌的对联：“芙蓉影破归兰桨；菱藕香深写竹桥。”(第三十八回)藕香榭的得名，自是池中有菱藕飘香的缘故。惜春的住所环境，隐含了她超尘拔俗，深感人生之无常，以及世态的炎凉，最终遁入空门，出家为尼。正如《金陵十二钗图册判词 · 正册之七》所云：“勘破三春景不长，缁衣顿改昔年妆。可惜绣户侯门女，独卧青灯古佛旁。”

庭院深深深几许

宋代大文学家欧阳修，无论散文、诗、词皆独步一时，成就卓越。他有一首《蝶恋花》词很为人所称道："庭院深深深几许？杨柳堆烟，帘幕无重数。……泪眼问花花不语，乱红飞过秋千去。"

院，房屋围墙以内的空地也，"深院月明人静"（宋·司马光《西江月》）；"深院静，小庭空，断续寒砧断续风"（南唐·李煜《捣练子令》）。院落，则是指四周有墙垣围绕，自成一统的房屋；又指庭院，"笙歌归院落，灯火下楼台"（唐·白居易《宴散》）。

庭，一指厅堂，"鲤（孔鲤）趋而过庭"（《论语·季氏》）；"他日趋庭，叨陪鲤对"（唐·王勃《滕王阁序》）。二指院子，即古代建筑物阶前的空地，依其位置不同，有前庭、中庭、后庭等，"庭前春逐红英"（南唐·李煜《采桑子》）。因此，约定俗成，常"庭院"、"庭园"并称。

在古代的建筑中，又有前庭后院的样式，即前面为主体建筑物的厅、堂、楼、馆等，而后院则为居住、游憩之处，称之为后花园。在古典戏曲和书籍中，我们经常读到有关它的描述，它成为一种特有的文化现象。

古代的官衙园林与私家园林，一般都由前后两

个部分组成，凸现在前面的，是高大的门楼，办公事的厅堂，草写文牍和读圣贤之书的书房，作礼仪交际的会客厅……一派“齐家治国平天下”的庄肃气氛。而隐在后面的则是四时风景宜人的院子（后花园），山石流泉，楼台亭阁，花草虫鱼，俨然世外桃源，可供下棋、吟诗、弹琴、作画、拍曲、冶游、斗酒、品茶……充满着生活情趣和美学理想。这一前一后，一显一藏，表现出中国士大夫阶层的两副面孔、两种心态。繁忙的公务和不懈的修身养性，把兼济天下的胸襟尽意地袒露在世人面前，“成于思”而决不“荒于嬉”。但当他们一旦走出死板的官场和腻味的应酬交往之后，便一头扎进后花园，与家人或至朋好友在极为轻松愉快的气氛中去获取一份慰藉，抒发生命中的性灵，无拘无束，自由自在，物我俱忘，颇有点“出世”的况味。这种建筑上的布局，成为士大夫阶层一种文化心理需求，一种长期受压抑情绪的缓冲与调节，一种森严礼法中有分寸的放纵。在《红楼梦》中，一向古板方正的贾政，一进入刚修好的大观园，和儿子宝玉也有了某种血缘上的契合，以及情感上的沟通。他评点儿子所作的对联、横额，听着儿子大胆的议论，时而点头，时而笑骂，真正地有了一种做父亲的慈爱。此后，他在大观园还参加过以贾母为首所组织的娱乐活动，并一反常态讲了一个极为粗俗的笑话，令人捧腹，真正显示出他人性中的另一面。

后院对于前庭来说，是险恶世情和森严礼法的一个反衬，在这里人性得以从极权的语境中解脱出来，在紧张中得到暂时的舒缓。而对于士大夫的家眷子女，则更无异于一块乐土。在大观园里，宝玉和姊妹们终日耳鬓厮磨，吟诗作赋，生发出许多属于生命本体的爱恋，以及由此而带来的痛苦和死亡。历朝历代，在后院这块封建礼教稍有松懈的地方，人性的旗帜得以肆意张扬：富贵小姐和落难公子私定终身；才子佳人在月影迷蒙中幽会……

这种前庭后院的建筑模式，在现代都市中很少见了，我们只能从古代留存下来的园林中，去领略其余风遗韵。

寺庙·宗庙

我国古代稍具规模的佛寺，都是建筑群体的组合，它包括山门(山门殿)、钟楼、鼓楼、天王殿、弥勒殿、大雄宝殿(宝殿常在两旁置以配殿)、藏经阁、禅房等等，同时在建筑物之间的空地，往往有花木扶疏的庭院，清净、庄严、肃穆，似乎与人世隔绝，了无红尘。

在我的出生地湘潭，有一座海会寺，始建于元代，在岁月更替中数毁数立，至今犹保存昔日风范。近代名僧八指头陀，曾一度挂褡于斯，他任过中华佛学会第一任会长。“文革”后重修的海会寺，山门上方的横额由赵朴初先生题写。入山门，便是一道照壁，上书六个擘窠大字：南无阿弥陀佛。过照壁，便是一座庄严的弥勒殿，殿后为一小庭院，然后便是大雄宝殿屹立面前。寺内广植花树，绿荫送凉，清幽可人。

寺庙是佛教传入中国后才有的建筑形式。庙的最初含义是指祖庙，即祭祀祖先、供奉祖先神主的地方。庙的繁体字是由“广”与“朝”两字组成，是个会意字，“广”表示屋舍，“朝”有朝廷的意思，意为宗庙与朝廷同尊。古代天子七庙，诸侯五庙。天子为何有七庙呢?“天子七庙，三昭、三穆与太祖庙而七”(《礼记·王制》)，昭庙为帝王的子庙，穆庙为帝王的孙庙，再加上太祖庙，共是七座。昭庙在太祖庙西，穆庙在太祖庙东。所以古人说：“宗，尊也；庙，貌也，先祖形貌所在也。”

天安门东侧的太庙(现劳动人民文化宫)，占地一十六点五万平方米，由一道高九米的厚墙包围，正中为太庙正殿，原为九间，清代改为十一间，它与太和殿同属一级，但尺寸稍小，为重檐庑殿顶，周围亦有三重汉白玉台基。正殿主要梁柱外包沉香木，其余构件均为名贵的金丝楠木。

庙从“宗庙”引申为供奉的地方，供奉祭祀一些有才德的人，如山东曲阜纪念孔子的孔庙，四

川灌县纪念李冰父子治水功德的二王庙，浙江杭州纪念岳飞的岳庙，湖南永州纪念柳宗元的柳子庙，等等。

古代神庙原不称庙，而称为寿宫，“謇将憺兮寿宫，与日月兮齐光(《楚辞 · 云中君》)。“謇”是发语词，“憺兮寿宫”，意为安于寿宫。后世亦有沿袭此称的，如北京的雍和宫、拉萨的布达拉宫。但更普遍的是道教称庙，佛教称寺。

为什么佛教称寺呢?“寺”实际上是中国古代政府部门的名称，如汉御史太夫寺、太常寺、鸿胪寺等。“寺”又源于“侍”，“侍”是指奉侍皇帝的太监御史之类的近臣，由于工作需要便专门成立一个部门，之后便称为寺。洛阳白马寺，原即鸿胪寺，借用为供佛藏经之所，是我国第一个称为“寺”的佛教建筑，也是中国佛教的母寺。自东汉传佛教于中国，魏晋南北朝为发展期，隋唐为大盛，“南朝四百八十寺，多少楼台烟雨中”(唐 · 杜枚《江南春》)。后来，道教的庙宇还有其他称谓，如宫，崂山太清宫即是；如观，唐刘禹锡诗中的玄都观；如阁，湘潭的斗姥阁。

中国古代留存至今的寺庙，除建筑艺术之外，往往从横额、对联、碑刻中，领略到书法、文学的诸多妙旨，浏览其间，其乐无穷。数年前，访昆明筇竹寺，有一联至今难忘：

煨芋留宾，共领略世态炎凉、深山有况；

焚香静坐，莫漫说峨眉旧事、滇海新禅。

玄都观里桃千树

唐代著名诗人刘禹锡，参加王伾、王叔文主持的的政治改革。永贞元年（805年），政治改革失败，刘禹锡被贬为朗州司马。十年后，朝廷有人想起用他和同时遭贬的柳宗元等人，于是他又重返长安。诗人通过去长安途中的一座道士庙——玄都观看花，写了一首《元和十年自朗州至京，戏赠看花诸君子》的七绝："紫陌红尘拂面来，无人不道看花回。玄都观里桃千树，尽是刘郎去后栽。"诗中显然有别的意思，千树桃花暗指那些在政治上投机取巧获得高官的新贵，而看花人却隐喻趋炎附势之徒。因为这首诗使他的政敌十分尴尬，刘禹锡再度派为外任，贬出京师，十四年后，方被召回长安任职。诗人又写了一首《再游玄都观》："百亩庭中半是苔，桃花净尽菜花开。种桃道士归何处？前度刘郎今又来。"诗中仍以桃花比新贵，而"种桃道士"则指打击当时革新运动的当权派，他们都失势了，而"刘郎"却依旧不屈地活着！

观（音贯），指道教的庙宇，如道观，"至于佛宇道观，游览者罕不经历"（《剧杂录》卷下）。

在北京西便门小区那些高大的现代化楼群西

面，有一片清静幽雅的建筑群，这就是道教的“仙都”——白云观。这里是道教全真龙门派的祖庭，有“道教全真第一丛林”之誉。

白云观的前身最初是唐代的天长观，是唐玄宗为“斋心敬道”奉祀“老子”所建，至今犹供奉着一尊唐代石刻的老君像。天长观易名为白云观，是在明朝初年。

这个庞大的建筑群体，进入山门，分为中、东、西三路及后花园。山门是一座七层四柱的牌坊，明代所建，称为棂星门，是古代道士们“观星宿，望仙气”之处。在道观的中路，依次有灵官殿、玉皇殿、老律堂、邱祖殿和三清阁、四御阁等五重正殿及钟、鼓二楼；东西两庑，东为丰真殿，西为儒仙殿；三清阁东侧为藏经楼。东路有南极殿、斗姥阁和罗公塔；此外还有华祖殿、真武殿、火神殿等。西路有吕祖殿、八仙殿、元君殿、元辰殿、祠堂院等。道观的最后面是云集园，又名小蓬莱，但见假山错落，亭台轩榭，树茂花繁，风景十分幽雅。

武昌大东门外蛇山尾部的双峰山，屹立着一座创建于元代的长春观。整个建筑群落，依山傍势，由低到高，层层递进，布局得体。中路为主体建筑，进山门就是灵祖殿，殿左右各有一圆门，左曰：阆苑；右曰：蓬壶。门下各有一条青砖铺砌的通道，洁净无尘。左右两翼，分别有十方堂、经堂、大客堂、功德祠、大士阁、来成殿、藏经阁、斋堂、邱祖殿、方丈堂、世谱堂、纯阳祠等辅助建筑。从高处一望，真是层楼飞阁，金碧辉煌，檐牙高啄，直耸云霄！

楼台之类也称之为观，如楼观、台观，“登览不以台观，游豫不以苑沼”(《晋书 · 江逌传》)。宫门前的双阙，又名之曰观，“观谓之阙”(《尔雅 · 释宫》)。“观”又通于“贯”，引申为多，《诗经 · 小雅 · 采绿》说:“维鲂及鱮，薄言观者。”郑玄注解为：“钓必得鲂鱮，鲂鱮是云其多者耳。”

小巷深处有人家

我的出生地湘潭是一座古城，城中街衢纵横，小巷交错。这些小巷，往往只数步之宽，却曲长深邃；高高的巷墙夹出一线天光，墙脚点缀着苍褐的苔斑；巷道铺砌着一色的青石板，被岁月的脚步磨得光洁如镜；细看那些墙基石上的文字，皆是明清时的旧物。巷子与巷子互为穿插，如同迷宫，是我们儿时捉迷藏的乐园，至今想来，心犹温馨。

古城小巷，既居住过许多的平常百姓，也驻停过不少名人大家，杨度、王闿运、齐白石、秋瑾、郭菘林……他们的故事至今还流传不衰。秋瑾嫁与湘潭的王廷钧，其婆家即在城中十八总的由义巷，她在此生活八年，生有一儿一女。王家旧宅墙基石上字迹晰然在目。

巷者，乃小于街的屋间道。这种建筑形式出现得很早，“叔于田，巷无居人”（《诗·郑风·叔于田》），说明在春秋时代已有巷的格局，《毛传》：“巷，里涂也。”在先秦的各种典籍中，经常出现“巷”的字样。“内构党与，外接巷族以为誉”（《韩非子·说疑》）。北京一带，称巷为胡同，上海人则曰里弄。

自古及今，在都城大镇，皆有巷的形制存在。《晋书·元帝纪》载“莫不叩心绝气，行号巷哭”，所谓“巷哭”即在里巷间相聚号哭。宋词人辛弃疾在《永遇乐 · 京口北固亭怀古》中吟道：“斜阳草树，寻常巷陌，人道寄奴曾住。”在元大都北京，“主干道都通向城门，主干道间有纵横交错的街巷、寺庙、衙署和商店，住宅分布于街巷之间”(庄裕光《元大都》)。当时元大都全城的街道，都有统一的标准，大街十四步宽，小街十二步宽，胡同宽度最小为六步；主要街道为南北方向，小的街巷则沿着南北大街的东西两侧顺序排列。明以后，北京城经历多次改建，但主要街道及胡同的布局基本沿袭了元代的规划。这些胡同或以百家姓上的某姓命名，如杨家胡同、梁家胡同、赵家胡同；或以手工艺作坊、集市以及著名工艺匠人来命名，如刘蓝塑胡同、营造库胡同、织染局胡同、灯市胡同；或以动物、植物的称谓来命名，如金鱼胡同、豆角胡同、骆驼胡同、松树胡同……据明嘉靖三十七年(1558年)出版的《京师五城坊巷胡同集》的序言所称：“北京五城胡同，浩繁几千条。”该书只对城内主要胡同的名字作了记载，内城九百多条，外城三百多条，共计一千二百多条。清光绪十一年(1885年)出版的《京师坊巷志稿》载，内城有胡同一千二百余条，外城六百余条，总共一千八百余条。

数年前，我曾在湘潭的大广香巷拜访过湘军大将、曾做过直隶总督的郭崧林的嫡长孙郭文蔚先生。郭先生当时已八十有余，但吐属清雅，爱好书、画、京剧，特别于京剧一途，造诣精深。在他家中，我聆听过他清唱的《借东风》，观看过齐白石在旧时代郭府所作的丹青，那种文化氛围与小巷风情融为一体，令人回想不已。郭老不幸于几年前病逝，其夫人屈翔英移居武汉女儿处，而我每至湘潭，路经大广香巷，大有人去楼空之叹。

古城小巷，有多少人事沧桑啊！

暧暧远人村

村，即村庄，数家筑屋相邻所形成的一个建筑群落，“数家临水自成村”（宋·陆游《西村》），故《广韵》释“村”为“聚落也”。

最早经史书上并无“村”这个字，“村”是一个俗体字，以后才通用的。“暧暧远人村，依依墟里烟”（晋·陶潜《归田园居》）；“村中闻有此人，咸来问讯”（陶潜《桃花源记》）。

山中或依山而立的村落，谓之山村，“绿树村边合，青山郭外斜”（唐·孟浩然《过故人庄》）。江边湖畔的村落，谓之江村或水村，“千里江南绿映红，水村山郭酒旗风”（唐·杜牧《江南春》）；“舍南舍北皆春水，但见群鸥日日来”（唐·杜甫《客至》）。而平畴之处的村落，一般呼之为乡村，“乡村四月闲人少，才了蚕桑又插田”（宋·翁卷《乡村四月》）。

在古代，常常一族之人聚于一村，至今我们到乡村去，还可窥见其余留痕迹，一些村子仍以姓氏为名，如“陈家村”、“高家村”等等。这样的村子在过去除民居的房屋之外，往往还建有宗祠，用以祀奉本族的祖先。祠堂有公田，所收之钱谷，或接济本族中贫困者，或资助本族子弟读书深造。村中往往还立有小型的土地庙及祭拜土地神和五谷神的祭坛，春秋两季各有一次庄严的祭祀活动，以祈求和庆祝丰年。唐人王驾的《社日》描写了这种情景："鹅湖山下稻粱肥，豚栅鸡栖半掩扉。桑柘影斜春社散，家家扶得醉人归。"

南宋时，说唱故事非常流行，民间艺人常在农村设场演出，成为农民的一种文化生活："斜阳古柳赵家庄，负鼓盲翁正作场。死后是非谁管得，满村听说蔡中郎。"(宋·陆游《小舟游近村，舍舟步归》)

《红楼梦》第五十三回，乌进孝说他兄弟"现管着那府里的八处庄地"。庄地，即庄子，是村落和所属土地的合称。宁、荣二府，在乡下拥有大量的土地和众多的佃户，这些佃户受到庄头和封建地主的双重剥削，每年要交纳大宗的粮食、肉食、蔬果等农产品，苦不堪言。这一回写道，尽管一年中数次遭灾，但黑山村的农民仍然要向宁国府缴纳大量的地租，除租银二千五百两和常米一千石之外，还有许多家禽、野味、水产、蔬果，吃的、用的、玩的不下四五十种，然而贾珍却说："这够作什么的……真真是又叫别过年了。"

村，又有粗俗、鄙野之意。《水浒传》第三十八回，"李逵便道：'酒把大碗来筛，不耐烦小盏价吃！'戴宗喝道：'兄弟好村，你不要作声，只顾吃酒便了。'"用不好听的话伤人也谓之村，《红楼梦》第六十二回，"黛玉自悔失言，原是打趣宝玉的，就忘了村了彩云了。"

在中国的园林建筑中，人为地制造"乡村"的格局，亦是常式，如《红楼梦》中所说大观园里的稻香村便是。"转过山怀中，隐隐露出一带黄泥筑就矮墙，墙头皆用稻茎掩护。有几百株杏花，如喷火蒸霞一般。里面数楹茅屋。外面却是桑、榆、槿、柘，各色树稚新条，随其曲折，编就两溜青篱。篱外山坡之下，有一土井，旁有桔槔辘轳之属。下面分畦列苗，佳蔬菜花，漫然无际。"(第十七回至第十八回)但贾宝玉是园林建筑中的行家里手，对"稻香村"的设置提出种种意见，认为最大的毛病是"分明见得人力穿凿扭捏而成"，因为此处"远无邻村，近不负郭，背山山无脉，临水水无源，高无隐寺之塔，下无通市之桥，峭然孤出，似非大观"，违背"自然之理"，缺乏"自然之气"，以致"虽百般精而终不相宜"。

古代的考场——贡院

在明、清时代，北京的贡院既是三年一次会试的地方，也是顺天府乡试之所。从东单沿观音寺往东走，快到东边城墙，有条贡院西街；再往东，有条街叫贡院东街。这两条街当中，有贡院头条、贡院二条、贡院三条等胡同，说明这里便是以前的贡院。

为什么称之为贡院呢?因为士子经过县、府、院三级考试合格，方成秀才，秀才乡试，考中者为举人，举人再到京城会试，考中的叫贡士。皇帝开科取士，"邦国举贤于王"，有如各地贡奉名产，所以叫贡院。

"贡院亦曰'棘院'，亦称'棘闱'。古代考试时，围墙之外，遍植以棘，使内外人无能逾越，故有此名。今之贡院，三面环以河，亦即此意。"(钟毓龙《科场回忆录》)

明、清杭州的贡院，"三面环河，北抵梅东高桥，东曰贡院东桥，西曰中正桥，中有号舍一万二千数百间。……甬道之中有楼高峙，额曰'明远'……"(《科场回忆录》)

在《光绪顺天府志》中刊有一张贡院图，可以看到几十排矮房子，即号舍，共有九千多间。考生在这里应考、住宿、吃饭，共需九天。号舍既矮又窄，舍间有两条木板，上面的是作文章的书案，下面的可作坐榻，两板合拼，则是睡觉的床。这座北京的贡院，"四周围还有外棘墙一丈五尺，还有内棘墙高一丈，文场四周还有楼了望，好像考试很严格，不能舞弊了"（赵洛《贡院——明清的考场》)。

因为读书人"十载寒窗无人问，一举成名天下知"，像鲤鱼跳上了龙门，所以贡院的门叫龙门、内龙门，还有第三龙门。贡院里，主考官住的大厅，叫聚奎堂；会经堂、十八房是考官阅卷的地方。在贡院，官员彼此交谈时，一坐门内，一坐门外，其中隔之以帘，以防作弊，因而主考官进贡院称之为"进帘"。

因写《科场回忆录》的钟毓龙先生是过来人，目睹耳闻，他对号舍的描述十分真切："每号门之上，皆标以字，以《千字文》之字排比之。一号之中，分数十间，一间坐一考生，极底则为厕所，坐近厕所者，谓之'臭号'，第一场犹可，第二场则秽气远播，实不可耐，以考生贪近便，大小解不必皆至厕中也。"当考生归号后，号门之栅封锁，不得再出去。晚餐后，大都灭烛就寝，到后半夜，号军得到题目纸，分送各个考生。"明远楼上，夜间鸣角击鼓以代更。相传其鸣角时，兼有'有冤报冤，有仇报仇'之语。余数次入场，终夜不寐时多，未尝闻之，不知果有此事否。"

科场八股取士的制度，早已成为历史。但一些地方，作为贡院这种古建筑还保存着，成为一种人文风景，让人们去抚今追昔。

瓦子·戏楼

在宋代，出现了一种大型的固定的游艺场所，称之为瓦子，又叫做瓦舍、瓦市或瓦肆。之所以有此称谓，南宋吴自牧《梦梁录》说："瓦舍者，谓其'来时瓦合，去时瓦解'之义，易聚易散也。"

瓦舍于北宋盛行时，汴京城内就有五十余座。到南宋建都临安，驻军较多，且多为南渡的北方人，于是城里城外瓦舍顿兴。其中以众安桥的北瓦最具规模，有勾栏十三座。所谓勾栏者，即是用有图案装饰的栏杆围成的表演技艺的场地。北瓦十三座勾栏中，有两座勾栏专门用于"说话"的讲史，其余有说经、小说、相扑、乔相仆、杖头傀儡、悬丝傀儡、木傀儡、影戏、杂剧、杂班、嘌唱、唱赚、说唱诸宫调、舞蕃乐、使棒、打硬、踢弄、教飞禽……将曲艺、戏剧、歌舞、杂技等表演，全都包容在内，确实蔚为大观。因观者终日不绝，瓦子里各处都有专卖杂货、酒食的店铺、摊点。此中的"说话"，即说书，底本叫"话本"。说话分小说、说铁骑儿、说经、讲史书四家；小说又分烟粉、灵怪、传奇、公案等，多取材于市民生活，情节较短，但听众极多。

元杂剧是中国戏剧史上的一座高峰，诞生了许多名剧作家、名演员和名剧目。到明、清，演剧之风长盛不衰，无论贵贱，无论是大都市还是小城镇，演戏和看戏都成为一项重要的文化活动。尤其在清代，上层统治者津津乐道于戏剧活动，上行下效，造成了戏剧的繁荣局面。演戏，必须有舞台，于是建造戏楼成为一种风气。能工巧匠殚精竭虑，把戏楼这一建筑形式发挥到极致，不但造型典雅，而且具有防火、保音等效果，很值得我们去研究。

戏楼，又叫乐楼。在北京颐和园，有座德和园大戏楼，与故宫的畅音阁和寿安宫戏楼、承德避暑山庄的清音阁并称为清代四大戏楼。德和园大戏楼，是专为慈禧太后修建的一处看戏的地方，历时四年，耗银七十余万两，至今保存完好。

这座戏楼是一座歇山卷棚顶式的木结构建筑物，重檐翘角，形式典雅。戏楼共分三层，可说是一座同时演出天上、人间、地狱情景的立体舞台。上层曰福台，中层曰禄台，下层曰寿台。在寿台的天花板上设有七个天井，演戏时，剧中角色和必要的道具，可通过设在天井上的辘轳下到寿台上，当然也可以“飞升”上去。在寿台的楼板上还专门设有五块活动的地板，掀开来下面为地井，演员通过地井下到地下室，再由专设的通道回到后台。

地下室中有一口水井、五座水池，既可增加舞台音乐的共鸣效果，还可饮用、防火。另外，在寿台上还设有乐池，上、下场门的地方设有隔板和楼梯……

在戏楼的北面，还有座供慈禧太后等人看戏的颐乐殿。

德和园大戏楼，被建筑学家称为“我国古建筑中的一件杰作”(《中国名楼》)。

古代的戏楼、戏台，不但建筑形式典雅，同时十分讲究镌刻在两侧的对联，往往将生活与艺术的关系表述得十分明晰。旧时长沙水陆洲戏楼联曰：“满天风景，水陆平分，登楼览云梦潇湘，壮气直通巫峡北；千古英雄，浪沙淘尽，倚剑听铜琶铁板，高声齐唱大江东。”长沙县桃花洞古戏台联曰：“聚万宝之大成，一曲霓裳，翻落庭前桂子；继千秋而共祝，三通战鼓，催开洞里桃花。”

仓与库

在《辞海》中，是这样解释“仓库”一词的：“用以贮藏和放置物资的场所或建筑物。”这当然是一种比较宏观的概括。在古代，仓与库的功能是有区别的。

先说仓。仓是用来贮存谷物的建筑物，如米仓、粮仓，《吕氏春秋·仲秋》：“修囷仓。”高诱注：“圆曰囷，方曰仓。”仓，是一种方形的建筑物，贮存米谷的建筑物又叫仓廪，“(季春之月)命有司发仓廪，赐贫穷，振乏绝。”(《礼记·月令》)注家释曰：“谷藏曰仓，米藏曰廪。”说的是春荒时，开仓放粮以济贫困。

就清代北京而言，“总督仓埸在城东，设(户部)侍郎满汉各一员董其事”(《清一统志》)，“朝阳门内有禄米仓、南新仓、旧大仓、富新仓、兴平仓；东直门内有海运仓、北新仓；朝阳门外有太平仓、万安西仓、储济仓；东便门外有裕丰仓、万安西仓；德胜门外有本裕仓、丰益仓”(《日下旧闻考》)。

再说库。“库，兵车藏也”(《说文》)，最早的库是用来放置兵车的。以后，库除用以放置车辆之外，还放置兵器、祭器、乐器、宴器，统称为五库。“紫电清霜，王将军之武库”(唐·王勃《滕王阁序》)，紫电、清霜，为名剑也，概指兵器库(武库)中的各种精良锋利的武器。

清代户部所管理的库事中，以银库最为重要，库中理事官从户部郎中充任，雍正元年又置管理大臣，由五大臣中选派，每三年更换一次，以防流弊。库中服役的男性丁役，称之为库丁。库丁入库时首先要全部脱掉衣裤，穿上官方特制的库衣，出库时，脱下库衣，裸体在执法队的监视下，口里喊着号子，双手拍着巴掌，双脚并起，一连跳过十二道横扁担，此规定为防止口中、腋下等处夹带散碎银子(方彪《库丁下蛋》)。

清代还在京城设置制造库，其实就是工厂，共分五作(五个门类)，即银作、镀作、皮作、绣作、甲作，聚集工匠，制造所需之物。制造局由工部管理，设当时的东长安街南的四眼井北。

古籍中常出现“库藏”一词，库藏者，州府之库也。“成都既拔，(张)堪先入其城，检阅库藏，收其珍宝”(《后汉书·张堪传》)。还有“库楼’一词，并非指仓库之楼，而是星官之名，《晋书天文志》说：“库楼十星，六大星为库，南四星为楼，在角左。一曰天库。”

狱与牢

清代著名文学家方苞，因受文字狱的牵连，被囚禁两年，亲身感受到狱中的黑暗，写下散文《狱中杂记》传世，“康熙五十一年三月，余在刑部狱”，“而狱中老监者四，监五室。禁卒居中央，牖其前以通明，屋顶有窗以达气。旁四室则无之，而系囚常二百余”。作为中央政府级别的刑部监狱，有四个老监，每监设五个牢房，牢房墙上无窗，因此常有疫病流行，死者无数，再加上狱吏狱卒的虐待、勒索，其苦况可想而知。

“狱”从二“犬”从“言”，两犬表示看守、伺察，言有语言相争之意，《说文》认为狱是确定是非曲直的，狱有“确”的意思。故狱本作案讼、官司案件解，“大小之狱，虽不能察，必以情”(《曹刿论战》)。在断狱的过程中，犯罪一方要关押起来，于是狱引申为监狱。

狱的名称很多，“夏曰均台，又曰念室；殷曰动止，曰羑里；周曰圜土，曰深室；秦曰囹圄；汉曰若庐；晋曰黄沙；魏曰司空。总名曰圜扉，圜墙”(《七修类稿》)。《荀子·宥坐》中，将“狱”称作“狱犴”，“犴”是“禁”的意思。《汉书·外戚传》中，因汉武帝戚夫人曾囚于鞫城(即窟室)，故狱又有鞫城的称谓。

古狱最早者是河南汤阴的羑里，传说商纣王囚禁周文王于斯。在古代，起初狱是属于朝廷的，地方上关押人犯之处曰犴，《韩诗外传·小宛》：“宜犴宜狱。”注：“乡亭之系曰犴，朝廷之系曰狱。”

牢的原意指关牲畜和野兽的栏圈，如豕牢、虎牢。牢，又有坚固之意，如坚牢、牢不可破。故牢就成为狱的别称，或牢狱并称。成语中有画地为牢一语，指古时在地上画一个圈当作牢狱。“故士有画地为牢，势不可人，削木为吏，议不可对”(司马迁《报任少卿书》)。“他每都指山卖磨，将百姓画地为牢”(元·岳伯川《铁拐李》第一折)。宋代囚禁流配罪犯的地方谓之牢城，“大尹当下收了林冲，押了回文，一面帖下判送牢城营内来”(《水浒传》第九回)。

与牢相关的词还有牢骚、牢愁。前者指抑郁不平之感，“哪知这两位公子因科名蹭蹬……激成了一肚牢骚不平”(清·吴敬梓《儒林外史》第八回)。后者指忧愁、愁闷，“牢愁余发五分白，健思君才十倍多”(宋·刘克庄《次韵实之春日五和》)。

明末爱国志士夏完淳，在明亡后，束发从军，进行抗清的武装斗争，后被清兵所捕，慷慨就义，年仅十七岁。他在《狱中上母书》一文中，表达了他苦志持节，视死如归的赤血肝肠：“人生孰无死，贵得死所耳！……恶梦十七年，报仇在来世。神游天地间，可以无愧矣！”

厦子 · 抱厦 · 清厦

"厦"《康熙字典》解释为"旁屋也"，也就是说这是一种形制比较小的房子。但在现代语词中，常"楼厦"并用，给人的感觉厦和楼同样气势恢宏，故《辞海》说厦是"大屋子"，其实这是不准确的。

古人说厦是一种"大屋子"时，往往前面有修饰词，如"安得广厦千万间，大庇天下寒士俱欢颜"(唐 · 杜甫《茅屋为秋风所破歌》)，"广厦"自是"大屋子"无疑。现代人所说的"高楼大厦"一词，在"厦"的前面冠以"大"，也就是"大屋子"了。

《金瓶梅》第四十八回，韩道国说："盖两间厦子倒不好了，是东子房了。"这里提到的"厦子"，是指的披屋，也就是旁屋，多作杂屋与厕所之用。

《红楼梦》第三回："南边是倒座三间小小的抱厦厅，北边立着一个粉油大影壁……"所谓"倒座"，因北方四合院以北房(坐北朝南)为正室，与之相对的房(坐南朝北)名之曰"倒座"；"抱厦厅"在此处指的是回绕堂屋后面的侧室。

《红楼梦》第十七回至十八回："贾政因见两边俱是超手游廊，便顺着游廊步入。只见上面五间清厦连着卷棚，四面出廊，绿窗油壁，更比前几处清雅不同。贾政道：'此轩中煮茶操琴，亦不必再焚名香矣……'"这里所说的"卷棚"，指一种没有正脊的屋面，屋面两坡的连接处呈一弧形的转折，盖以弧形瓦(南方称为黄瓜瓦)。"五间清厦"即五间相连的屋子，其形制如贾政所言乃为"轩"。贾宝玉深谙这"五间清厦"的环境特点及用处，题匾为"蘅芷清芬"，吟的对联为："吟成豆蔻才犹艳；睡足酴醾梦也香。"上句说可在此吟诗，下句说可在此休憩，突出了"清厦"的清雅、清幽，使人如入其境。

厢房 · 耳房

中国四大古典名剧中的《西厢记》，可说是妇孺皆知，影响深远。说的是秀才张君瑞，借住普救寺，与相国小姐崔莺莺一见钟情，在红娘的帮助下，终成一段美满姻缘。为了能朝夕接近崔莺莺，张君瑞请求寺僧安排自己的住所，“也不用香积厨，枯木堂；远着南轩，离着东墙，靠着西厢，近主廊，过耳房，都皆停当”。这就是说崔莺莺住在隔墙的西厢房，在她写给张君瑞的回信中附了一首诗：“待月西厢下，迎风户半开，隔墙花影动，疑是玉人来。”

“厢，正房两边的房子；厢房。如：东厢；西厢”。(《辞海》)

中国建筑群的组合方式多为四合院型，坐北朝南的是主室，坐南朝北的为倒座，东西两侧的是厢房。厢房属于主房的附属建筑。

张君瑞去会西厢的崔莺莺时，本可从“寺里角门儿”进去，但红娘说：“你休从门里去，则道我使你来，你跳过这墙去”，张只好跳墙而过，去与崔莺莺会面。

在《金瓶梅》第十八回中，提到另一种建筑样式：西厢稍（梢）间，所谓“梢间”，是指房屋梢端处的一间。而“西厢稍间”，即是西厢房两端的房间。

《西厢记》中所说的“耳房”，是正房或厢房山墙外侧的小屋，如人之两耳，故名。在富豪人家，耳房一般是下人所住。《金瓶梅》第十二回所写的耳房，是西门庆家小厮琴童的住处，白天负责打扫花园，晚上就在花园门前一间耳房内安歇。《金瓶梅》第三十回，出现“鹿顶钻山”一语。耳房做成平顶，就叫“鹿顶耳房”；而与正、厢房相通，便称之为“鹿顶耳房钻山”。书中人物应伯爵领韩道国来见西门庆，就是先进仪门，转过大厅，由“鹿顶钻山”进去，穿过花园角门，到达西门庆书房的。

格局奇异的当铺

典当业在我国有着悠久的历史，到清代尤为兴盛，从京城到地方，官私当铺到处都是。据《东华录》记载，乾隆九年(1744年)十月壬子初九大学士鄂尔泰等奏："查京城内外，官民大小当铺共六七百座，钱文出入最多。"

当铺经营的是有抵押贷款，实际上是高利贷的另一种形式。

《红楼梦》第五十七回中，薛宝钗见即将成为她家儿媳妇的邢岫烟在天还很冷时却只穿着夹衣，一问，岫烟说："前儿我悄悄把绵衣服叫人当了几吊钱盘缠。"这家当铺开在"鼓楼西大街"叫做"恒舒典"，是薛家出的本钱。曹雪芹的父辈曹頫于康熙五十四年，在《覆奏家务家产摺》中承认，他家在京郊张家湾有当铺一所，本银七千两。

"当(當)，田相值也"(《说文》)，其义为田地与田地相对等，差不多。

在各行各业的店铺格局中，唯有当铺是最为奇异的。它的建筑与装饰风格，与牢狱酷似。"北京的典当铺……如大门前有一束油布扎箍的幌子，即仿原来监狱中曾有过在牢房门前挂一件衣服或雨伞的暗记形式；另外，当铺用砖砌着很高的院墙，红色的木栅，院内用石头盖起高大瓦房作为库房。房檐均以石头刻成柱子作为窗户，一如监房。营业时伙友们坐在很高的柜台旁的高凳上，犹如老爷问案"(沈鸿娴《北京典当业二三事》)。"当铺的老板，以及下面的伙计，都不同于其它行业，从不笑脸迎人，有如凶神恶煞，神气十足。有时借助官势，欺压平民"(贺海《燕京琐谈》)。

当铺为什么形如监狱，据传说，很早以前，有一罪犯触犯刑律而关于狱中，熬了多年，后来成了一个管辖犯人的牢头。他在狱中勒索钱财，买卖食品百物，又令囚犯赌博，输者以物抵款，日久，他积资甚多。遇赦出狱后即开了一家“小押当”，物值十而押五，坐扣利息，到期不赎者，变卖折本。后来，人以为暴利之举，逐渐成为一种行当。因典当业始于囚犯，故其店铺格局一如监狱(《燕京杂谈》)。另一说则是“清代左宗棠驻扎新疆时，为给发配犯寻一生路，即允许他们集资设立押店，后来赦释的犯人返京后，仍操此业。所以北京的典当铺一直沿袭着狱中设典的一些形式”(《北京典当业二三事》)。

在上海，典当业的鼎盛时期“当在上海开埠辟设租界以后。租界内外共有典当一百多家，小押店达三百多家”，“跨进当铺门，迎面一般总有一个木制屏风，屏风上写着一个斗大的‘当’字”(《旧上海的当铺》)。

当铺剥削和坑害典当人的手段很多。首先是利用当票搞鬼，“访闻各属典铺，凡民间典质物件，如价值一两，仅可当银三钱。其票内字迹并非楷书，另作一种格式，牵连一串，令人莫识，以致取赎之时，愚民任其欺敝”(佚名《江西政要》)。其次，利息极高，到时不赎，即为“死当”，当铺可作价变卖，从中渔利。此外，清乾隆年间，北京的当铺可以签发银票，在市面上流通。当然这都得到了官府的支持，以榨取更多的民脂民膏。

庵

著名的明代文学家、书画家唐伯虎，曾在苏州的桃花坞筑桃花庵以安身，并终老斯处。他在《桃花庵与祝允明黄云沈周同赋》一诗中，描绘了桃花庵及周边环境：“茅茨新卜筑，山木野花中。燕婢泥衔紫，狙公果献红。梅梢三鼓月，柳絮一帘红。匡庐与衡岳，仿佛梦相通。”从中可看出，这桃花庵不过是几间茅屋(茅茨)，周围栽着梅、柳、桃等花木，有燕子穿梭，有猴子跳跃，充满着一种野趣。

庵，指小草屋，“居河之湄，结草为庵”(《神仙传·焦先》)。《南齐书·王秀之传》曰：“父卒，为庵舍于墓下持丧。”

因庵是指一种简陋的小草屋，古代文人常自谦地将书房称之为庵。如明末清初的冒僻疆，诗文俱佳，又为世家子弟，与秦淮名妓董小宛结为连理，成就一段爱情的佳话，他的书房曰：影梅庵。书房外梅树丛立，枝柯婆娑，日光月光将梅影投于窗上，趣味良多。但他的书房是一园林式建筑，与小草屋构制迥异。

小寺庙亦称之为庵，多为尼姑所居，如《红楼梦》中大观园里的栊翠庵，是妙玉修行的地方，宁静素洁，不染尘俗。第四十一回，“当下贾母等吃过茶，又带了刘姥姥至栊翠庵来。妙玉忙接了进去，至院中见花木繁盛，贾母笑道：‘到底是他们修行的人，没事常常修理，比别处越发好看。’一面说，一面往东禅堂来。”另外，还在其他零星文字中，看出栊翠庵的建筑格局：“只见妙玉让他二人(指宝钗和黛玉)在耳房内”；“抬了水只搁在山门外头墙根下……”栊翠庵尽管小巧玲珑，但却具备一种庙寺的完整性，有山门、围墙、佛堂、耳房、卧室、厨房，等等。而小院中的梅树，在大雪飘飘之时，开出一片红色的花朵，俏丽动人，“(宝玉)回头一看，恰是妙玉门前栊翠庵中有十数株红梅如胭脂一般，映着雪色，分外显得精神，好不有趣”(第四十九回)。

大观园中还有一座芦雪庵，“原来这芦雪庵盖在傍山临水河滩之上，一带几间，茅檐土壁，槿篱竹牖，推窗便可垂钓，四面都是芦苇掩覆，一条去径，逶迤穿芦度苇过去，便是藕香榭的竹桥了”(第四十九回)。

因芦雪庵是一座有着山野风味的建筑，作者曹雪芹便在此设置了两大韵事：设炉生烤鹿肉；赏雪争联即景诗。

铁炉火旺，备以铁叉、铁丝网子，大家说说笑笑，割肉自烤，品嚼滋味。史湘云的高论脍炙人口："你知道什么？'是真名士自风流'，你们都是假清高，最可厌的。我们这会子腥膻大吃大嚼，回来却是锦心绣口。"(第四十九回)

而芦雪庵联句，众多诗人面对雪景，无不诗思飘动，出口成章，连素与诗无缘的凤姐被推拥起句时，也说了一句"一夜北风紧"。这一句虽"粗"，却受到大家的夸奖，因为"这句虽粗，不见底下的，这正是会作诗的起法。不但好，而且留了多少地步与后人"(第五十回)。接下来，各人妙句迭出，一气呵成。在联句中，大出风头的是林黛玉、史湘云，而"宝玉又落下第了"，被罚去栊翠庵取一枝红梅来插瓶。

净洁的斋

"斋，戒洁也"(《说文》)，斋之义指在敬神之前戒除不净使自身清洁。《吕氏春秋·孟春纪》说："天子乃斋。"由此而引申成为一种清幽净洁的建筑物，如书房谓之书斋，学舍谓之东斋，等等。斋，即屋舍，或是独立的单元，或是一个建筑群体。

苏州网师园中，有一个书房名曰"集虚斋"。"集虚"二字，出自《庄子·人间世》。庄子认为，要用专一的意志，去排除感觉经验和理性思维，然后获得真知。意志的动力是"气"，"气也者，虚而待物者也；惟道集虚，虚者，心斋也"。

在明人祁彪佳的寓山园林中，有一个"志归斋"，"当开国之初，偶市得敞椽，移置于此，一仍其简陋"。之所以有此名，"乃此是志吾之归也，亦曰归固吾志耳"。其建筑格局是："斋左右，贯以长廊，右达寓山草堂，左登笛亭。避暑斋中，北窗尽启。平畴远风，绿畦如浪。以觞以咏，忘其为简陋"(《志归斋》)。

"集虚斋"和"志归斋"皆为独立的建筑单元，嵌于一个大格局之中。但另一些以斋为名的，却是一组建筑物的总称。如《红楼梦》大观园中的"秋爽斋"，是贾探春所住的一个院落，它包括庭园、厅堂、书房、卧室、亭廊等一组建筑单元。第四十回，贾母兴致勃勃在秋爽斋晓翠堂摆早宴，尔后又到探春卧室说闲话，便可知秋爽斋的环境是相当不错的。

书中对探春居室的描写甚为详尽，是探春性格"阔朗"二字的外化。"探春素喜阔朗，三间屋子并不曾隔断。当地放着一张花梨大理石大案，案上面垒着各种名人法帖，并数十方宝砚，各色笔筒，笔海内插的笔如树林一般。那一边设着斗大的一个汝窑花囊，插着满满的一囊水晶球儿的白菊。"显示出她女中丈夫的风采，同时，还以房中的种种陈设，透现出她高雅的生活情趣：

“西墙上当中挂着一幅米襄阳《烟雨图》，左右一副对联，乃是颜鲁公的墨迹，其词云：烟霞闲骨格；泉石野生涯。案上设着大鼎。左边紫檀架上放着一个大观窑的大盘，盘内盛着数十个娇黄玲珑大佛手。右边洋漆架上悬着一个白玉比目磬，旁边挂着小锤。”(第四十回)

也有商店称之为斋的。

在二三十年代的古城湘潭，有一家专卖雪花膏、香水、胭脂、香粉的店子，名叫“清芝斋”。这家店子素洁芬芳，以斋名之，不无道理。城中清末还有一家专卖素菜素食的馆子，是一些礼佛忌荤的人爱去的地方，名曰“素心斋”。

王维的"终南别业"

唐代著名诗人、画家王维，曾有一首名诗叫《终南别业》："中年颇好道，晚家南山陲。兴来每独往，胜事空自知。行到水穷处，坐看云起时。偶然值林叟，谈笑无还期。"这"别业"，即别墅。所谓别墅者，是指"家宅以外别筑的游息之所"(《辞海》)。《晋书·谢安传》说："于土山营墅，楼馆林竹甚盛。"

"墅"的原意，是指田野的草房，"剧哉边海民，寄身于草墅"(魏·曹植《泰山梁甫行》)。而别墅通常指建在山野的家室之外的游玩栖息的建筑物。

王维的"终南别业"在何处呢？

初唐著名诗人宋之问在今陕西省蓝田县境内终南山麓辋川流经之处筑有别墅，后来此别墅归王维所得。王维在这里住了三十多年，极其喜爱它的清幽，写了不少诗篇来歌咏它，其中以和裴迪共赋的《辋川集》组诗最为人称道。

这"终南别业"，又称"蓝田别业"，王维诗集中有《酬虞部苏员外过蓝田别业不见留之作》："贫居依谷口，乔木带荒村。"说明这个别墅处在陕西蓝田县的辋川，辋川又在谷川口，简称谷口。"终南别业"也叫"辋川别业"、"辋川庄"，王维有诗《积雨辋川庄作》、《别辋川别业》。

在《辋川集》中，王维以二十首五言绝句，刻画了别墅的建筑物及周围的自然景色，如鹿柴、竹里馆、文杏馆、辛夷坞、华子岗、斤竹岭、木兰柴、欹湖、柳浪、白石滩、漆园和椒园等，像一幅幅精美的田园山水画卷，纷呈在我们面前，体现了王维"诗中有画"的艺术特色。

且读《竹里馆》："独坐幽篁里，弹琴复长啸。深林人不知，明月来相照。"竹里馆，即竹林中的一座房舍，辋川风景之一。诗中透现出一种悠然自得的情趣。

辛夷坞，栽满了辛夷花，是辋川的一个风景点。辛夷，又名木兰、木笔，形似芙蓉花。王维写道："木末芙蓉花，山中发红萼。涧户寂无人，纷纷开且落。"

在《临湖亭》一诗中，王维吟道："轻舸迎上客，悠悠湖上来。当轩对樽酒，四面芙蓉开。"

……

从王维的诗中，我们可以看出这座"终南别业"并不以豪华、阔绰见长，而是以自然风光为优。它所包容的茅舍、竹馆、小亭等建筑物，都是朴实无华的，而且与周围的景物互为依存、互为融和，体现一种"天人合一"的意蕴。作者的崇尚静寂、归返自然之心境，亦于其他诗中随处可见，"山中习静观朝槿，松下清斋折露葵。野老与人争席罢，海鸥何事更相疑"《积雨辋川庄作》。

在唐代，也有一些人故作清高，在终南山建别业隐居，以扩大知名度，引起皇帝的关注，召而为官。因终南山离都城西安较近，所以便出现了一个成语：终南捷径。也有一些文臣武将，年老后引退，告别昔日的繁华与声威，息影林泉，如唐人刘长卿的《送李中丞归汉阳别业》："流落南征将，曾驱十万师。罢归无旧业，老去恋明时。独立三边静，轻生一剑知。茫茫汉江上，日暮欲何知？"

结庐在人境

陶渊明在我国是个妇孺皆知的人物，诗文俱佳，且清俊拔俗，他的不为五斗米折腰的气节素为人所重，四十一岁弃官归隐，再不出仕，“开荒南野际，守拙归园田”(《归园田居》)。他在《饮酒》的诗中写道：“结庐在人境，而无车马喧。”他的“庐”是个什么样子呢?“……方宅十余亩，草屋八九间。榆柳荫后檐，桃李罗堂前。……户庭无尘杂，虚室有余闲”(《归园田居》)。可见他的“庐”不过是几间茅草屋，屋旁有一片田地，屋前屋后栽着树木，风景清幽，环境安逸。

“庐，寄也。秋冬去，春夏居。”(《说文》庐是农民耕种时暂时居住田野的棚舍，秋冬农闲时则离去，春夏农忙时则寄居；但以后泛指简陋的房屋。

唐诗人杜甫《茅屋为秋风所破歌》的结句为：“吾庐独破受冻死亦足!”很显然，这“庐”即是指破旧不堪的茅屋，“床头屋漏无干处，雨脚如麻未断绝”。

庐除了泛指简陋的房屋之外，渐渐地衍变成一种对于园林式建筑房屋庭院的称谓，表现出不染尘俗的风致。在扬州旧城嵇家湾，有一座怡庐，有前后两个庭院，前院大门东向，门内有游廊三折，坐北有花厅一座，西墙边有假山；后院有轩，有精舍，有天井，有书斋……城中还有一座匏庐，是一个建筑群落，回廊、曲径、假山、轩、亭、厅、阁、池，以及花树，步步引人入胜。这种庐，都属私家园林的典范之作，离“简陋”二字已相去甚远。

晚清的著名翻译家林纾，曾译过《茶花女》、《黑奴吁天录》等世界名著，他的居处名之曰畏庐。

在庐山牯岭东谷的长冲河畔，有一座名之为美庐的券廊式建筑，原系1922年英国医生赫莉太太所建造，1930年她将这座别墅赠给宋美龄。蒋介石将其命名为美庐，并题字刻石于庭院中。有人考证“美庐”的含义，竟有四种说法：美龄的庐；美的庐山；美的房子；宋美龄在庐山的美丽房子。

美庐以英国券廊式建筑符号，突出了建筑的抽象美法则。从外观上看这座建筑，绿门、绿窗、绿栏、绿柱、绿廊，属于建筑第五立面的房顶也漆成了墨绿色，就连原本是灰褐色的墙也因爬满美国凌霄而终成绿色，衬托着周围的小桥流水和花木扶疏，给人一种宁静、安适的感觉。同时，美庐又与时代风云紧密相联：庐山军官训练团的创办；围剿中央红军计划的炮制；第二次国共合作的谈判；对日全面抗战的酝酿和决断；马歇尔八上庐山“调处”；八·一三文告的产生……

而今，美庐已成为庐山的一个景点，终日游人如织。

文人的书房

在古代，文人无不重视书房的设置，尽管各自经济状况迥异，但皆讲究书房的高雅风致，精心营造一种浓郁的文化氛围。在这个小天地里，可读书，可吟诗，可作画，可弹琴，可对弈……唐代刘禹锡虽只有一间简陋的书房，但“斯是陋室，惟吾德馨。苔痕上阶绿，草色入帘青。谈笑有鸿儒，往来无白丁。可以调素琴，阅金经。无丝竹之乱耳，无案牍之劳形”（《陋室铭》）。还有明代的归有光，在青少年时代曾厮守于一间极窄小的书斋，名曰项脊轩，“室仅方丈，可容一人居”，作者却“借书满架，偃仰啸歌；冥然兀坐，万籁有声；而庭阶寂寂，小鸟时来啄食，人至不去。三五之夜，明月半墙，桂影斑驳，风移影动，珊珊可爱”（《项脊轩志》）。

对于书房墙壁如何进行装饰，清代的李渔颇多高见：“书房之壁，最宜潇洒，欲其潇洒，切忌油漆。”上策是“石灰垩壁，磨使极光”；其次，“则用纸糊，纸糊可使屋柱窗楹共为一色”。而“壁间书画自不可少”（《闲情偶寄 · 居室部 · 书房壁》）。在书房内部装饰上，往往采用碧纱橱、木槅、屏风、竹帘、帷幕等物，以增加其美感、静趣、雅风。

文人的书房，讲究题名，或以书房周围的山石花木为题：如苏州网师园的殿春簃，是因周围多芍药花（殿春为别名），故有此名。还有以翠竹命名的曲园中的小竹里馆，以梅香命名的沧浪亭的闻妙香室，以梧桐命名的畅园的桐花书屋……

有的书房命名，凸现着主人的人生态度，充满着哲理。苏州留园中一书房名曰汲古得绠处，典出《荀子 · 荣辱》中的“短绠不可汲深井之泉，知不几者不可与圣人之言”。意思是钻研古人学问，必须有恒心，要下苦功找到一根线索，方能升堂入室，有如汲深井之水必须用长绳一样。苏州耦园西花园书房名曰织帘老屋，“织帘”典出《南齐书·沈麟士传》，说沈麟士家贫如洗，在陋室中一边织帘一边诵读诗书，口手不息，园主借用此典以铭其志。

古代文人的书房，在建筑上也往往风格独特，留园中的揖峰轩即是。这是一个园中之园，庭院为半封闭式。轩前小院四周围以曲廊，轩南庭有挺立石笋，青藤蔓延，古木翠竹衬以名花。再看轩内，东头一张红木藤面贵妃榻，壁悬大理石挂屏；正中八仙桌，左右太师椅，桌上置棋盘；西端靠墙的红木琴桌上搁古琴一架；两侧墙上，挂名人所书对联；北墙嵌三个花窗，有如三幅图画……幽静、秀美、典雅。在此间读书，与友人唱和，堪称一种全身心的享受。

有些书房的对联，都出自主人的手笔，文采飞扬，启人心智。清人郑石如的书房联为：“好书悟后三更月，良友来时四座春。”清人陈元龙的书房联为：“水能性淡为吾友，竹解心虚是我师。”清人袁枚的书房联为：“放眼读书以养其气，开襟饮酒用全吾真。”

在知识信息时代，我们也应该拥有一间雅致的书房！

古代的浴室

古代的浴室，是何模样，很少有人见到。但我想，一般的官宦人家和平民百姓的浴室，其建筑上不会有太特殊的地方，凭想像便可以揣摩出来。而帝王之尊的宫廷浴室，则只能从史籍中去探其究竟了。

在中国四大古典名剧之一的《长生殿》中，有《窥浴》一折，清人洪异凭借资料，展开想像，朦朦胧胧写出了唐明皇与杨贵妃到华清宫温泉殿洗浴的情景。“别殿景幽奇，看雕梁畔，珠帘外，雨卷云飞。逶迤，朱阑几曲环画溪，修廊数层接翠微。绕红墙，通玉扉”接着便到了温泉殿，“你看清渠屈注，洄澜皱漪，香泉柔滑宜素肌”。而唐人白居易在他的长诗《长恨歌》中早已写到此种景况：“春寒赐浴华清池，温泉水滑洗凝脂。侍儿扶起娇无力，始是新承恩泽时。”

这些描写都属于文学范畴，显得有点粗略，生动而不具体。华清宫原名温泉宫，是唐太宗时所建，唐玄宗即位后改名。“骊山上下，益置汤井为池，台殿环列山谷……即于汤所置百司及公卿邸第焉”(《长安志》)。华清宫之寝殿名曰飞霜殿，“御汤九龙殿在其南，亦名莲花汤，制作宏丽。汤中陈白玉石鱼龙凫雁及石莲花，石梁横亘汤上，莲花才出水面，雕镌巧妙，殆非人功。更置长汤数十间屋，环回甃以文石。此盖宫中之中心建筑也”（梁思成《中国建筑史》）。高旅在《持故小集·活拆华清宫》中说：“华清宫的宫城是极大的，西接长安，与曲江、芙蓉园相通，宫城中除十八所汤池外，还有朝拜起居各殿，顺着山势，一路筑下来，再加寺庙，更见殿宇林立，山上山下，满布建筑物，有一道宫墙环绕，循山逶迤，周围总在百里左右。”

在五代割据之时，后赵石勒建都于襄（河北邢台），石虎继位迁于邺（河南临漳），“起台观四十余所；营长安、洛阳二宫，作者四十余万人”（《晋书·石虎载记》）。且不说宫殿楼台如何堂皇高大，门窗梁柱如何华丽精致，只看此中的浴室，便可知其奢侈至极：“金华殿后皇后浴室，三门徘徊反宇，栌瓣隐形，雕彩刻镂，雕文粲丽。……沟水注浴时，沟中先安铜笼疏，其次用葛，其次用纱，相去六七步断水，又安玉盘受十斛，又安铜龟饮秽水。……显阳殿后皇后浴池上作石室，引外沟水注之室中；临池上有石床”(《邺中记》)。这浴池中的种种设施用于引水、净水、排水，以及用于休憩，近乎近代浴室及室内游泳池之间。

明代著名文学家、画家祝允明，字希哲，生于1460年，卒于1525年，与唐寅、文徵明、徐祯卿并称“吴中四才子”，有《怀星堂集》传世。他有一首七律《浴》，写得极见性情：

劳劳埃土十年身，聊借温汤一日新。

未似屈平嫌众浊，还非李耳喜同尘。

润波溜体清微露，和气蒸人浃洽春。

安得沂川一泓水，洗吾面目本来真。

这首诗，作者借到澡堂洗浴，独抒心境，表现出不为尘俗所染、“洗吾面目本来真”的意旨。他一生玩世自放，中举后屡应进士试不第，虽做过知县、通判，但不久即告归，以书画谋生，到晚年困窘难堪，以致死后无资为殓。但是，他的诗、文、书、画，却历久而愈香。

飘香的庖厨

民以食为天，可见饮食是一件何等重要的大事。孟子说：“食、色，性也。”《中庸》也说：“人莫不饮食也。”

中国烹饪文化的形成，经过了漫长岁月的流变，集中反映了劳动人民的智慧，以至在全世界享有盛名。“古者茹毛饮血；燧人氏钻火，始裹肉而燔之，曰‘炮’；神农时食谷，加米于烧石之上而食之；黄帝时有釜甑，饮食之道始备”（《古史考》）。在半坡文化和仰韶文化的许多遗址中，发现过石磨盘、石磨棒、臼杵等粮食加工工具，同时还发现过灶坑，以及可以搬动的陶灶，这便是最早的庖厨雏形。

“庖，厨也”（《说文》），而“厨，庖屋也”（《说文》），指的都是治饮食的建筑物。《孟子·梁惠王上》说：“庖有肥肉。”庖又指厨师，“良庖岁更刀”（《庄子·养生主》），此中的“良庖”即指优秀的厨师。

不管岁月如何行进，厨房的大体格局都是基本相同的，里面的基本设施无非是灶、案、缸、瓮、橱，以及锅、盆、瓢、刀、铲、碗、筷、瓶……但在旧时代，厨房的墙上是少不得一个供奉灶神的神龛的。

灶神除了主管饮食之外，还有监视这一家人优劣的任务，以便向上天禀报。禀报的日期不仅是每年旧历的十二月二十四日，还有每个月的最后一天，因此殷勤地祀奉他，以便他“上天言好事”，成了厨房中的一个庄严的仪式。

人不可不饮食，要有好的饮食，便离不开厨房。用煎、炒、烹、煮、蒸，油、盐、酱、醋、酒，猪、羊、牛、鸡、鸭以及瓜果菜蔬，加上火与水，厨师便可烹饪出可口的佳肴来。古代的圣者，莫不珍视厨艺，屡屡用其作喻来阐明严肃的道理。如《老子》中的“治大国如烹小鲜”，《史记》中的“人为刀俎，我为鱼肉”。

在一些名胜地古建筑物的厨房门口，常悬挂一些意味深长的对联，令人警醒。如福建福州鼓山涌泉寺香积厨门联：“鱼鼓响时，打点饭盂问天，谁识饭是米做；象龙集处，咀嚼菜根有味，方知舌在口中。”

平常人家的厨房，自是熟悉，皇宫中御膳房则鲜为人知了。在信修明所著之《老太监的回忆》一书中，则有所涉及。清末慈禧太后当政时的厨房，谓之寿膳房，共设五局，即晕局、素局、点心局、饭局和百合局，各局都有专门的分工，每局首领一名、掌局一名、掌案一名、二师傅两名、太监各十名不等，共总管首领太监五十余名，厨役大小百余名左右。另外，还附有小厨房，名叫野味厨房，在外雇用名厨，由李莲英主办，专供太后适口之味。“五局虽有分工，实则合作，共用一个厨房，一个炉灶，所用家具和厨役也不分。”

已故著名作家汪曾祺，文章享誉于世，而他的烹饪技术亦有口皆碑，每有佳客至，必亲自下厨，做出几道自创的菜肴，品者皆朵颐大快，可见此老是一个真正懂得品味生活的智者。

酒楼·酒店·“大酒缸”

唐代诗人温庭筠，写过一首《赠少年》：“江海相逢客恨多，秋风叶下洞庭波。酒酣夜别淮阴市，月照高楼一曲歌。”秋夜，月光皎皎，在酒楼喝酒十分尽兴，然后在歌声中依依惜别。虽然诗中没有对酒楼作细致描写，但给人的美感却是充盈的。

《水浒》第三十九回，写宋江信步出城，来到浔阳楼前，“仰面看时，旁边竖着一根望竿(即挂酒旗的杆子)，悬挂着一个青布酒旆子，上写道‘浔阳江正库’。雕檐外一面牌额，上有苏东坡大书‘浔阳楼’三字。……宋江来到楼前看时，只见门边朱红华表柱上，两面白粉牌，各有五个大字，写道：‘世间无比酒，天下有名楼’。”接着，宋江上楼，“去靠江占一座阁子里坐了”，喝酒赏景。这座酒楼的外表，已够吸引人了，有酒旗、横额、华表柱、白粉牌对联，透出浓郁的文化气氛。文中借宋江的目光，进一步描写了酒楼的建筑格局和环境特征：“雕檐映日，画栋飞云。碧阑干低接轩窗，翠帘幕高悬户牖”；楼外有远山万叠，楼边有一江烟水、白苹渡口、红蓼滩头。在这样的江南酒楼喝酒，是一大享受。

现代诗人潘伯鹰曾有一诗描绘江南的酒楼：“晚来风叶一天秋，倚遍江南卖酒楼。回忆三生花草句，又扶残醉过苏州。”

比酒楼规模小的，多称为酒店、酒肆，一般都是单层平房。《水浒》第二十七回，武松和两个公差“三个人奔过岭来，只一望时，见远远的土坡下约有十数间草屋，傍着溪边柳树上挑出个酒帘儿”。第二十九回还描绘了“一座卖村醪小酒店”的格局：“古道村坊，傍溪酒店。杨柳阴森门外，荷花旖旎池中。飘飘酒旆舞金风，短短芦帘遮酷日。瓷盆架上，白泠泠满贮村醪；瓦瓮灶前，香喷喷初蒸社酝。”

蒋门神霸占施恩的快活林酒店，设在丁字路口，“檐前立着望竿，上面挂着一个酒望子(酒旗），写着四个大字道：‘河阳风月’。转过来看时，门前一带绿油栏杆，插着两把销金旗，每把上五个金字，写道：‘醉里乾坤大；壶中日月长。’一壁厢肉案砧头、操刀的家生，一壁厢蒸作馒头，烧柴的厨灶。去里面一字摆着三只大酒缸，半截埋在地里，缸里面各有大半缸酒。正中间装列着柜身子”（《水浒》第二十九回）。

这种酒店中酒缸埋半截于地下的设置，在旧时代的北京成为一种小酒馆的重要特征，这种小酒馆就叫“大酒缸”。“只供酒，没有其它商品。店内设备除柜台外，也卖碗酒供饮，可是不设座位。只有装酒用的一酒缸半截埋在地下，半截露出地面。缸上盖有红漆圆形缸盖，可以揭盖半盖，旁设矮凳，就用它作酒客的桌子”（金云臻《论饮境》）。台湾作家小民在《故都乡情·大酒缸》中，亲切地回忆自己儿时与祖父去“大酒缸”喝酒的情景，并描绘了店内特有的装修风格：“卖酒的柜台，也是红色的，只有店铺的柱子、柜台的横杠是黑漆的。店内上下收拾得好洁净……大酒缸的下酒小菜都是现成的，店里不卖炒菜。若要吃热菜、点心，顾客自己由店外叫来。每个大酒缸的外面，都有小吃摊子。”

湘西吊脚楼

我曾数次叩访美丽的湘西，山奇水异，令人徘徊不忍归去。而古色古香、建筑风格特殊的吊脚楼，更添得山水几分韵致。在沈从文先生的故乡凤凰城，沱江傍城而过，当地人临河而居，一幢幢吊脚楼，高高低低参差错落。吊脚楼的一端以河岸为支撑点，另一端则悬在水面，高高的悬柱立于水中作为撑持，充满着一种力量的美。

湘西吊脚楼建筑形式活泼，可临水，也可依山傍谷，或就建在田坝边。“稍稍开凿修砌，选上好木料支撑起一座座或者一排排的吊脚楼来，旁边饰以几丛茂林修竹，省时又省工，温馨而又有画境。这种楼飞檐翘角，三面环廊，‘吊’着几根八棱形、四方形刻有绣球或金瓜的悬柱，壁板漆得光亮光亮的，并嵌有花窗，通风向阳。花窗也往往用意极深，镂有‘双凤朝阳’、‘喜鹊恋梅’ 等图案，古朴而秀雅”（剑飞《画意诗情吊脚楼》）。

吊脚楼的妙处，一是防潮避湿，通风干爽；二是节约土地，造价较廉；三是依山傍水或靠着田坝而建的吊脚楼，悬柱之间往往留有一定的空地，可喂养家畜，“什么人家吊脚楼下有匹小羊叫”（《沈从文鸭窠围的夜》）。

“古老的黑瓦木结构吊脚楼，堂屋很敞亮，中间是火塘”（许淇《湘西之旅》），温暖而亲切。我曾有幸叩访，热情的湘西人泡茶筛酒，摆出种种野味，令人宾至如归。

湘西吊脚楼，属古代干阑式建筑的范畴。所谓干阑式建筑，即是“体量较大，下层架空，上层铺木板作居住用的”（庄裕光《干阑建筑》）一种房屋。这种建筑形式主要分布在南方，特别是长江流域地区，以及山区。因这些地域多水多雨，空气和地层湿度较大，由于干阑式建筑是底层架空，对防潮和通风极为有利。

四川境内曾挖掘一处干阑式古建筑遗址，距今有四至六千年之久。考古学家“挖掘出部分长约 30 米、进深约 7 米的木构架建筑，遗物中有用木材制作的梁、枋、板等建筑构件，在不少构件上发现有多种类型的榫卯、榫头，如方榫、圆榫，甚至还有双层榫，卯眼也是有圆有方，加工比较细致”（《干阑建筑》）。

我也曾在云南的一些地方走访过，在少数民族聚居区，随时可以见到底层架空的竹楼，造型极为优美，楼上有厅堂、卧室、厨房、仓库，楼下则拴系着牲口。周围花木繁茂，风景宜人。老作家艾芜的小说集《南行记》和《南行记续编》中，对这种竹楼进行过描绘，十分传神。庄裕光先生称竹楼这种建筑样式，“那可算是古代干阑建筑的延续和发展”。

上海的石库门

在旧上海，巨商大贾、名宦高官住的是环境优雅的花园洋楼；而贫民穷人，住的是肮脏、简陋、拥挤的棚户区。至于那些没有大富，却无饥寒之虞的中产阶级，则大多居住在石库门林立的弄堂里。

石库门是上海一种特有的建筑形式，因早期的它有着“花岗石或宁波红石的门框，两扇乌漆大门”（《上海轶事》），故名。

石库门始建于1870年左右的英租界里，分布在建于1872年的仁兴里，建于1896年的棉阳里、敦仁里和洪德里等处。它的总平面布局，吸收了欧洲联式住宅的毗邻形式，而它的单体平面，却源于中国传统的四合院、三合院，将其门楼改为石库门。这种建筑形式满足了中产阶层的一种洋化了的中国文化心理需求，既封闭又具有一种开放的格局，既区分于“棚户”与“富户”，但又不失一种“小康”的矜持。

陈丹燕在《上海的风花雪月》中说：“那是上海的中产阶级代代生存的地方。他们是社会中的大多数人，有温饱的生活，可没有大富大贵；有体面，可没有飞黄腾达。经济实用，小心做人，不过分的娱乐，不过分的奢侈，勤勉而满意地支持着自己小康的日子，有进取心，希望自己一年比一年好……”可谓道尽此中蕴意。

早期的石库门，有高高的围墙，进门即小门厅，中部为小院，后经改革，进门即是小院，上海人又称之天井。楼下正中的一间是客堂，客堂的门是所谓落地长窗，后面是白漆的屏门，一般都是六扇。东西两厢房，有前后厢房之分。客堂后为扶梯，后面有灶间。灶间上面的一间，名曰亭子间，亭子间上面是晒台。客厅的上层称客堂楼，两边的房间也叫厢房。在二三十年代，一些穷苦的文人常租住亭子间，因为价钱较廉。周立波曾将在沪上所作之文结集，集名《亭子里间》。早期的这种三上三下的石库门，面积有一二百平方米，房价较为昂贵，捐税不算在内，年租白银五百四十两，押金二百八十两。

后期石库门采用西方建筑的细部布局，注重它的门、窗、牛腿上的建造，使之简单、明快、牢固；去掉了那种高围墙，砌有马头或观音兜压顶的风火山墙；简化了前院的小门厅。“三上三下”变化“二上二下”或“一上一下”，保留天井、客堂、灶间和客堂楼、亭子间、后门。节省地皮、原材料，自然减缩了造价，大受买者和租者的欢迎。

在上世纪二十年代以后，石库门高墙改成矮墙、小铁门，天井改为小花园；单开间，三层小洋楼，西化的痕迹更浓了。里面有大浴室、小卫生间，房子多朝南，采光、通风俱佳。

在飞跃发展的今天，上海的石库门在一座一座地消逝，但一些有特色上年岁的房子仍然保存着，成为一页历史，展示着旧上海的另一个生活层面，勾起人们对往昔温馨的回忆……

冬暖夏凉土窑洞

著名诗人贺敬之，在五十年代写过一首信天游体的新诗《回延安》，其中有一节写诗人在窑洞与乡亲久别重逢的动人场景，令人难忘：

水酒油馍木炭火，

团团围定炕上坐。

满窑里围得不透风，

𡉏畔上还响着脚步声。

……

而陕西著名画家石鲁，是一位极有创造力的天才，不幸在“文革”中饱受欺辱，虽然熬过十年厄难，但世道清明后因身体状况极差溘然而逝。在荣宝斋为他出版的画册中，就有多幅于六十年代所画的延安窑洞图。其中《枣园春晓》，全用水墨写成，窑洞前的高粱、玉米，窑顶(𡉏畔)上的小树、芳草，而于一片水墨淋漓中只现出两个窑洞的窗口，其中的一个窗子的木格子上有一个五角星的图案，是枣园革命内蕴的点睛之笔。另一幅《枣园》则以彩墨写成，于浓绿的高粱映衬中，露出窑洞一个阔大的贴着窗花的窗子，画底题了一首七绝：“漫漫寒宵万籁空，林深灯火透穹窿。银钩铁画书天地，刺破东方一片红。”其对革命岁月的讴歌，何其热烈。

土窑洞是中国一种古老的民居建筑的样式，主要分布在华北、西北地区。当地的人们在冲沟的崖壁或在平地向下挖出的地坑壁面上，开挖成供人居住的洞穴，是为生土建筑中的一种类型。

穴居在我国有着悠久的历史，西安半坡、陕县庙底沟，都发现有新石器时代的穴居、半穴居遗址。土窑洞是穴居和半穴居形式的发展。这种土窑洞所需建筑材料少，造价低，冬暖夏凉，但毕竟简陋。京剧中有《探寒窑》一出，说的是王宝钏与身居唐朝丞相高位的父亲击掌决裂后，苦守寒窑，等待薛平贵归来，其母心痛女儿前来探望，面对寒窑苦景，心如刀割。

土窑洞一般分为靠崖窑和地坑院两类。

靠崖窑在天然的土崖壁上挖出，窑体垂直崖壁，顶部呈半圆形或抛物线形，可并列三至五孔，或各自开门，或在侧壁开通道成为套间；崖面多用砖石包砌，上扣挑檐、女儿墙、截水沟，以防崩塌；窑口发券砖、装门窗。有的做成上下两层，名曰呼天窑。有的大型靠崖窑，在前面另建地面建筑做厢房、大门，围成庭院，《探寒窑》中王宝钏的居处，不过一孔破旧的单窑。

地坑院是在无崖壁可利用时，从地面向下挖出五米以下的地坑，在地坑的壁上再挖出窑洞，因而又称之为平地窑。地坑多为矩形或方形，当三面或四面挖窑洞时，就形成了地下的三合院或四合院。大型的地坑院，可以几个地坑相连，成为多进院落，于前院开门，后院开窗，通风条件比靠崖窑好。它的出口多是先由隧道上升，近地面上改用一段露天坡道，两边围以矮墙。

在革命岁月中，党中央所在地的延安枣园窑洞，属于靠崖窑。正如石鲁所歌颂的枣园灯光，“刺破东方一片红”，赢得了全中国的解放，迎来了新中国的曙光。

盛民与自守的城

中国古代的城，似乎到舜帝时，才有其雏形，“一年成聚，二年成邑，三年成都”（《史记五帝本纪》），舜“宾于四门，四门穆穆”。

城，《说文解字》称是用来盛民的；《墨子 · 七患》说：“城者所以自守也。”两者说的都是城的作用，尤其是边境上的城，往往屯兵严守，以防敌方侵犯，是国之门户。

古城建制，一般都是小规模的，“都城过百雉，国之害也”（《左传 · 隐公元年》）。所谓百雉，指城墙的长度、宽度，古代城墙长三丈、宽一丈、高一丈为一雉，如以百相乘，也只是三百丈的长度。春秋末，齐国留下一本官方的文献《考工记》，书中有西周都城的规划，格局也是不大的：“方九里，旁三门。国中九经九纬，经涂(道路)九轨，左祖右社，面朝后市，市朝一夫。”这王城是个边长九里的正方体，每边有三个城门，城中纵横各有九条道路，每条道路宽为九轨（一轨为八尺）。左侧为宗庙，右侧为社稷庙，王宫居中，前面是朝会的广场，后面是市场，面积为一夫（一夫为一百步见方）。“到春秋时期（公元前475～公元前221年），地主阶级在许多诸侯国内相继夺取了政权，建立了中央集权政体，进一步确立了封建经济制度。特别是秦国经过商鞅变法，一跃而为群雄之强国，国都咸阳也逐步扩建成宏大的城市。其他各国的京城也都日益发展，如齐国的临淄、赵国的邯郸、魏国的大梁、楚国的鄢郢和韩国的宜阳等都已成为当时人口众多和工商业兴盛的大城市。”（庄裕光《古建春秋》）

在城的建筑形制上，也日益完善。从城墙上来说，城上有楼橹，即望楼、谯楼；此外，城上有称之为女墙的短墙，“淮水东边旧时月，夜深还过女墙来”（唐 · 刘禹锡《石头城》）；有的古城，在城门口建瓮城，瓮城如瓮形，敌人入侵，有如瓮中捉鳖；城外还挖有护城河，以增加敌方攻城的难度。

城有土城、砖城、石城之分。土城的建筑年代更为久远。砖城为常见之样式。数年前我去东北兴城参加一个笔会，此城乃明清旧物，保存完好，电影《三进山城》曾在此拍摄。石城在古代也不少，如南京城，曾以石头砌成，故称石头城；还有湖南湘西的黄丝城，城墙全是长条麻石砌成，虽久历风雨，犹巍峨壮观。城还有都城、郡城、县城之别。都城即皇城，如北京的紫禁城；郡城为郡守所在地；县城则比比皆是。此外，古籍中还有牙城、中都城之称。牙城者，建于城中，为主帅所居，其意为王之爪牙，故名；中都城是帝王在都城之外，于自己的故乡发迹之地所筑之城，如明朱元璋在安徽凤阳所建的城称之为中都城，调集能工巧匠，经营六年之久方竣工。

关于城的建筑，我们不能不注目明代所设计与建造的北京城，它是中国历代城市规划和宫廷建筑在技术上和艺术上的结晶。

北京城最让人叹服的就是贯穿南北、长达八公里的中轴线。这条中轴线南起永定门，北至钟楼。从永定门起一条笔直的大道直通前门，大道两侧便是两座坛庙建筑：天坛与先农坛。进入前门（正阳门）就是现在的天安门广场，从天安门往北，一直通向故宫。由天安门进入端门，还是沿这条中轴线直达午门，进了午门，就是现在的故宫博物院。经过金水桥便是太和门，往前就是代表封建王朝最高权威的太和殿，进入此殿，皇帝的宝座就准确地落在这条中轴线上。然后是中和殿、保和殿，再往前是乾清门，通过乾清宫、文泰殿、坤宁宫，穿过御花园，出神武门，便出了紫禁城。再前行进入景山公园。“可以毫不夸张地说，这是中国最直、最高贵、最重要的一条南北贯通的几何线，从古到今，它代表着中国的最高权威。”（钱正坤《世界艺术史话》）

值得骄傲的还有称为世界奇迹的中国长城，“万里长城万里长”，是中华民族团结的象征，体现了一种不屈不挠的民族精神！

鹿角·鹿脚与地包

古代因战争频仍，而城池要地的争夺更是常见的战役模式，如何坚守城池要地，成为一个非常紧迫的问题。“城池的防御方法，普遍采用鹿脚和地包。”（张驭寰《中国城池史》）

我先说说鹿角这种军事防御设施。

用带枝杈的树木植在地上，形似鹿角，以阻止敌人的进攻，“拔鹿角入围，且战且前，以迎仁（曹仁）军”（三国志·魏志《李通传》）。官府衙门和营寨前设置障碍物，也称作鹿角，“今官府衙门列木于外，谓之鹿角。盖鹿性警，群居则环其角，圆围如阵，以防人物之害。军中寨栅埋树木外向，亦名曰鹿角”（《三余赘笔》）。

再说鹿脚。

据史籍记载，鹿脚布防是从大西北地区传到中原及其他地域的。即在护城河与城墙之间的地段，以硬木木桩夯入土中，木桩自由地列成三排，名叫“乱打桩”。木桩埋入土约半米，露出的部分约三四十公分，如同鹿脚，可以起到绊马的作用，对步军亦造成种种不便。

地包，则设于城池四周，特别是易于发生战斗的关键部位，“挖一个大方坑，深二米，宽3.5×3.5米。在这个坑的边部有梯出入，坑顶做细木小梁纵横相搭，其上再用枝条覆盖，再和泥土加羊角，拌和均匀，将泥土堆积在枝条上，其上部再用浮土掩饰，这叫‘地包’”（《中国城池史》）。地包盖和地包墙的交地之处，开有观察洞口。防御者藏于地包中，以便突袭来犯之敌。

鹿角、鹿脚和地包，在现代战争中，演变成另外的形式予以运用，如布满尖刺的铁丝网、通上电流的电网，以及加以掩饰的地堡……

一夫当关，万夫莫开

关口的关，古代指边境上的门户，一般设于交通要隘之处，水陆咽喉之地，“立于此，交于彼曰关”（《说文》）。

立关的地方，往往山形水势十分险要，筑城设卡，屯以重兵，可谓“一夫当关，万夫莫开”。唐李白在《蜀道难》一诗中写道：“……剑阁峥嵘而崔嵬，一夫当关，万夫莫开，所守或匪亲，化为狼与豺……”古代的兵家必争之地潼关，有十二连城禁锢，诸谷之险，羊肠小道，仅容一人通行，其险可想而知。

到北京观光，不可不去瞻仰居庸关的风采。居庸关位于北京的西北郊，在明十三陵与逶迤着万里长城的八达岭之间。在《吕氏春秋》里，就已出现居庸关的名字，正式建造关城，则是在明代。筑城为关的是大将军徐达，目的是为了防备弃都逃往朔北的元军重振旗鼓卷土重来。北京作为元、明、清的都城，地理位置非常稳固，以其为中心，有紫荆关、倒马关、居庸关为内三关进行拱卫，而山海关、松亭关、古北口、居庸关、紫荆关又连成一个弧形，有如一道保卫京城的铜墙铁壁。

我国历史悠久，历朝历代战争频仍，故关隘也就特别多，“秦时明月汉时关，万里征战人未还”（唐·王昌龄《出塞》）；“楼船夜雪瓜洲渡，铁马秋风大散关”（宋·陆游《书愤》）。在战争中夺关破险成了获胜奏凯的关键所在。如剑门关，秦国曾派张仪、司马错在此寻找入蜀路线，并由此入境灭蜀。而三国时的诸葛亮，在大剑山、小剑山筑栈道，由此入汉中；刘禅时，姜维在此抗击钟会。又如蓝田县东南的蛲关，刘邦曾在此大破秦军；洛阳龙门西的伊阙，秦将白起曾在此打败韩魏军。

即使在现代战争中，关隘仍是军事家注目之处。1935年1月，遵义会议开后，红一方面军离开遵义，越过娄山关，西渡赤水，以期在泸州和宜宾之间横渡长江，挥戈北上，但未成功，乃乘贵州敌军空虚之机，再渡赤水，二进娄山关，重占遵义。2月25日，从凌晨开始，红十三团与贵州军阀王家烈部激战于娄山关下，于黄昏攻占娄山关。翌日，敌反扑失败。我军共歼灭和击溃敌军八个团，是长征以来的一个大胜利。毛泽东在娄山关战役之后，写了《忆秦娥 · 娄山关》一词："西风烈，长空雁叫霜晨月。霜晨月，马蹄声碎，喇叭声咽。雄关漫道真如铁，而今迈步从头越。从头越，苍山如海，残阳如血。"

在毛泽东诗词作品中，多处出现"关"的描述，气势宏大，动人心旌："头上高山，风卷红旗过大关"（《减字木兰花 · 广昌路上》）；"雨后复斜阳，关山阵阵苍"（《菩萨蛮 · 大柏地》）。

今天，在神州大地，许多古老的关隘都成了旅游胜地，吸引着人们去抚今追昔，流连忘返。而与友好邻邦相连的国境线上，关隘也成了友谊的象征，如与越南相邻的友谊关，成了两国人民来来往往的门户。

在改革开放之后，从海陆边境城市到内地的名城大都，皆设立了海关，以利进出口的贸易往来。但这种海关的意义，在于验放和办理各种物资的出入手续，以及打击各种犯罪活动，是促进我国经贸发展的重要部门。

千古奇观都江堰

数年前，我曾入蜀公干，因行旅匆匆，与离成都并不遥远的都江堰失之交臂，一直引为憾事。此后，我从种种典籍中与它邂逅，对于它更是心驰神往。

都江堰是战国后期秦国蜀郡守李冰在古蜀国治水工程的基础上组织人民修建的。两千多年来，中国乃至世界上一些古老大型的水利工程，或湮没于黄沙，或早已废毁，只有都江堰与时间相抗争，巍然屹立，至今仍在焕发勃勃的活力，堪称千古奇迹。

司马迁在《史记·河渠书》中说：“蜀守冰，凿离堆，辟沫水之害，穿二江成都之中。此渠皆可行舟。有余，则用溉浸，百姓享其利。至于所过，往往引其水益用，溉田畴之渠以万亿计，然莫足数也。”

何谓为堰？《辞海》中曰：“系较低的挡水并能溢流的建筑物；横截江中，用以抬高水位，以便引水灌溉、发电或便利航运……一些古代的灌溉工程，以渠首修筑的堰而得名，如四川省灌县的都江堰及陕西省的山河堰。”

有一年暮春，入蜀参加一个会议，抽闲去了都江堰。这里已成为一个非常壮观的风景区，除古老的水利工程之外，还有一大批附属建筑：伏龙观、安澜索桥、二王庙、离堆公园、李冰纪念馆……游人如织，笑语纷沓。那些古老的碑刻壁雕上，随处可见历代书家的手迹，写着治水的经典语言：“深淘滩，低作堰”；“分四六，平潦旱”；“乘势利导，因时制宜”……闪烁着古代劳动人民智慧的光华。

都江堰渠首工程，位于岷江干流出山口与成都扇形平原顶端的交接处，海拔七百三十米，为全灌区的制高点。岷江上游水资源稳定而丰富，是都江堰赖以生存和发展的先决条件。我们可以

骄傲地说，都江堰是世界上历史最长的无坝引水工程，渠首枢纽主要是鱼嘴分水堤、宝瓶口和飞沙堰溢洪道三大主体工程，它们各有其独特的功能和作用，而又互相依存，互相制约，组合成一个神奇的系统，分流分沙、泄洪排沙、引水输沙，以保证都江堰灌区千万亩农田以及城市用水的需要，并做到枯水时不竭、洪水时不淹。

鱼嘴分水堤，是都江堰渠首顶端的分水工程，它的平面形状如同大鱼的嘴，故而得名。紧接鱼嘴后垒筑分水堤（古称内外金刚堤），把岷江分为内外二江，内江以引水灌溉为主，外江为岷江干流，用于泄洪排沙；枯水期内江多引水，洪水期外江多泄洪。飞沙堰（古称侍郎堰）是紧接鱼嘴分水堤尾部的泄洪道，以排沙作用奇特而得名。宝瓶口是在玉垒山末端岩嘴额部开凿的一个进水口，平均宽二十米，古人名之为灌口，它既能保证农田和城市所需的水量，又能挡住洪水期过多的水量，其“妙处难与君说”。除这三大工程之外，再加上百丈堤、二王顺水堤、人字堤等附属工程，组成一个极为科学的水利系统，令人叹服不已！

我久久地徘徊在都江堰，听着震耳欲聋的涛声，想起著名作家叶圣陶在1939年8月12日叩访都江堰时所作的一首七律：“锦城晓雨引新凉，聊作清游适莽苍。沟浍贯通怀蜀守，田畴平旷胜吾乡。水声盈耳宏还细，禾穗低头绿渐黄。差喜今秋丰稔又，后方堪以慰前方。”而时间又行进了六十多年，都江堰更加光彩照人，我有幸登临，怎不心潮澎湃！

石窟：艺术的宝库

窟，原指洞穴。所谓石窟者，即指一种凿在山岩上的石室，是佛教寺庙建筑中的一种形式，又称之为石窟寺。公元前五六世纪时，古印度的释迦牟尼创立了佛教，并创造了保存或埋葬佛教创始人释迦牟尼“舍利”用的建筑物——塔。古印度的塔有两种：一种是埋藏舍利、佛骨等的“窣堵波”，属坟冢性质；另一种是所谓的“支提”和“制底”，内无舍利，称作庙，即塔庙。东汉时，随着佛教的传入，塔这种建筑形式也传入我国了，“窣堵波”进化成各式各样的塔，“支提”则发展成为石窟寺。

石窟的开凿，大致起自四世纪初叶，北魏到隋唐最盛。“我国最早的石窟寺在新疆，较有名的为四世纪初在库车附近开凿的赫色尔石窟，它保存了许多佛教传入中国初期的壁画，是研究当时新疆社会风貌的重要资料”。（庄裕光《古建春秋》）

我国最著名的石窟有四处：龙门石窟、云冈石窟、敦煌石窟、麦积山石窟。石窟主要分布在丝绸之路一线，以及山西、四川等地，除四大名窟之外，还有河南的巩县石窟、甘肃的炳灵寺石窟、河北的响堂山石窟、山西的天龙山石窟、四川的大足石窟等等。

龙门石窟位于洛阳南面的伊水两岸，“两山相对，望之若阙，伊水历其间北流，故谓之伊阙”（《水经注》）。此窟造像开创于北魏孝文帝迁都洛阳前后（493年），从那时起连续营建达四百年之久。北魏造像占三分之一，全部在龙门山，最有代表性的是左阳洞、宾阳洞、莲花洞和魏字洞等，其余的为唐代造像。在伊水两岸东西对峙的峭壁上，石窟群像蜂窝一样密布。现存洞窟一千三百五十二个，佛龛七百五十个，佛塔四十多座，佛像十万余尊，题记和其他碑刻三千六百多品。

云冈石窟位于山西大同市西北的武周山南麓，长达一公里，建于北魏，开凿时间前后达四十多年。现存洞窟五十三个，共雕刻塑造了五万一千多个栩栩如生的飞天和宗教故事人物。

“石窟都是就山凿室，或凿龛，或是室内有龛。龛是供佛的小阁。石窟也有凿在悬崖峭壁之上，仰视琳琅满目，巧夺天工。”（纪德裕《石窟多宝》）

梁思成在论述云冈石窟时说：“就窟本身论，以中部太和其造诸窟为最饶建筑趣味，外室之前，多镌两柱，为三间敞廊。……外室与内室之间为门，门上有斗拱承屋檐瓦顶。门之上多开窗。外室壁有镌作佛殿或龛像者。内室壁或镌塔柱于窟室中央，或镌佛像倚后壁。壁多分若干层，饰以浮雕佛迹图……”（《中国建筑史》）从中可看出古代工匠的精湛构思与高超技艺。

石窟，虽说是宗教性的，但它涵盖的内容却是多方面的：文学、历史、宗教、雕塑、绘画、书法、音乐、舞蹈、建筑，林林总总，蔚为大观，堪称宝库。如敦煌石窟，有壁画六万多平方米，壁画中有佛本身的故事，有佛经变文故事，还有礼佛图等。而龙门石窟中有碑刻三千六百多品，书法中的“龙门二十品”便是从中精选而出，从中可窥见北魏时期的书法风貌。敦煌十二窟有顶雕伎乐天，手执排箫、箜篌、琵琶等乐器，还有乐队，是极为宝贵的音乐史料。麦积山石窟中的泥塑佛像，或突出在墙面的浮雕上，或单个立在地上，形态各异，都是泥塑中的精品。

四大名窟中，我只叩访过龙门石窟，何时能一一游览，则可称人生中之快事！

公　园

公园，是指公共所有的娱乐、游玩场所，是公众共乐之处，但这个名称在我国出现得很晚。1840年鸦片战争后，特别是辛亥革命后，我国园林历史进入一个新的阶段，主要标志是公园出现了。

最早出现的是上海租界的公园，建于1868年的外滩公园，建于1900年的虹口公园，皆属此类。在此时，由政府自建的公园也相继问世，1897年所建的齐齐哈尔龙沙公园，1911年所建的南京玄武湖公园，等等。辛亥革命后，北京的皇家苑囿和坛庙陆续开放为公园。明清两朝的社稷坛，于民国三年（1914年）对外开放，辟园门于南，名叫中央公园，为"北平公园之矫矢"，"春夏之交，百花怒放，牡丹芍药，锦绣成堆，每当夕阳初下，微风扇凉，四座俱满"（《燕都丛考》），到1928年改名为中山公园，沿袭至今。1924年，又开放了颐和园；1925年，北海亦成公园接纳游客。而在全国各地，陆续新增了不少公园，建于1918年的广州中央公园、黄花岗公园，建于1924年的四川万县西山公园和重庆中央公园……这些公园既体现了中国传统的造园风格，同时又接受了西方造园的某些手段。

据梁思成《中国建筑史》考证，"（周）文王于营国筑室之余，且与民共台池鸟兽之乐，作灵囿，内有灵台灵沼，为中国史传中最古之公园。"从中可以窥见，这个公园有楼台池阁，还养蓄着动物，规模应是很大的。

但历朝历代，从皇帝到达官贵人，都注重私家园林的营造，良辰美景，普通老百姓何能入而观之、乐之。而属于公众娱乐、游玩的场所，都存在于一些名胜之地，相袭成风，谁也无法尽囿于私人之怀抱。当地的政府，或私人，在这些地方修筑一些颇有特色的建筑物，开辟一些景点，各方人士皆可一游，虽没有“公园”这个名字，其实就是公园的格局。如湖南长沙的岳麓山，有爱晚亭、白鹤泉、麓山大庙等著名风景点，历代诗人留下许多脍炙人口的诗篇。还有杭州西湖，绿水长堤，烟柳画桥，古墓大刹，令人留连忘返。而湖南洞庭湖边的岳阳楼，因一篇《岳阳楼记》遂名传天下，其实在此之前，它早已是一处名胜了，杜甫的“昔闻洞庭水，今上岳阳楼”便是一个例证。

名人张岱在《陶庵梦忆》一书中有一篇《虎丘中秋夜》，记述了苏州人于中秋夜到虎丘风景区赏月、游嬉的情景，“自生公台、千人石、鹤涧、剑池、申文定祠下，至试剑石、一二山门，皆铺毡席地坐，登高望之，如雁落平沙，霞铺江上。天暝月上，鼓吹百十处，大吹大擂，十番铙钹，渔阳掺挝，动地翻天，雷轰鼎沸，呼叫不闻。”可见其盛况空前。我曾数次到虎丘，景物依旧，而时代却已行进数百年矣。

在今天，神州大地自古有之的风景地，如庐山、华山、衡山、杭州西湖、苏州的虎丘和寒山寺，都已名之为公园了，节假日更是游人如织。

北京除民国初年命名的中央公园之外，还有城南公园，“先农坛自民国初年改为城南公园，售票较其他公园为廉。然以僻在城南，游人较少。坛地甚广，外坛外面之一部分，于民国三四年划为城南游艺园，其余各地，均属公园管理”（《燕郊丛考》）。

古人云：独乐乐不如众乐乐。公园往往风景秀丽，空气新鲜，环境清幽，是我们依偎大自然的一个通道，可得到一种身心的愉悦。而且人人皆可去之，皆可乐之，现代都市的人们，是万万不可疏离它的。

古桥风韵

儿时读诗，唐人张继的《枫桥夜泊》，给我留下极深刻的印象。月落乌啼，清霜飞飘，红枫渔火，船泊桥边，忽然传来划破愁寂的寒山寺的钟声。寥寥数十字，写尽“枫桥夜泊”的况味，确实是大手笔。而引发我思绪的，是这座古香古色的枫桥。稍长，翻阅资料，方知此桥原名封桥，因张继诗的流传，乃改“封”为“枫”了。

号称东方威尼斯的古城苏州，我曾有幸数次造访。这里水港纵横，舟楫穿行，而更有许多造型别致的桥跨水而过，成为令人惊艳的风景：“君到姑苏见，人家尽枕河。古宫闲地少，水港小桥多”（唐·杜荀鹤《送人游吴》）。

在江南古地的杭州、扬州等地，水多桥繁，给历代文人墨客增添许多诗兴，随手“拈”桥入诗，造就不少名篇、名句，至今读来，犹余甘在口。“二十四桥明月夜，玉人何处教吹箫”（唐·杜牧《寄扬州韩绰判官》）；“苏老堤边玉一林，六桥风月是知音”（宋·冯子振《西湖梅》）；“绿浪东西南北路，红栏三百九十桥”（唐·白居易《新春江次》）。

我国最早的桥，当出现在原始社会。起初，由于地壳运动和种种自然环境的影响，往往在小溪小河上，出现由倒塌下去的树木或两岸纠结在一起的藤萝形成的“独木桥”和“天生桥”，人们受这种天然桥的启示，开始用树木架起独木桥，或是用石头在水中筑起一个接一个的石磴，或利用悬挂的藤萝做成独索、双索的溜筒索桥。随着社会生产力的提高，才逐渐产生各种各样的跨空桥梁。

“桥，水梁也，从木”，而“梁，水桥也，从木从水”（清·王筠《说文句读》）。

我国古代的桥梁，一般由跨空与支承跨空部分（由桥梁墩台和基础）组成。根据跨空部分的

构造情况不同，而称为梁桥、拱桥、吊桥和浮桥。又因建筑材料的不同，分为木桥、石桥、砖桥、藤桥、竹桥、铁桥。我国至迟不超过东汉，梁、拱、吊、浮四种基本桥型齐备。

秦汉时在咸阳、长安故城附近的渭河上，曾架设中渭、东渭、西渭三座梁桥，中渭桥全长五百二十五米，宽十三点八米，由七百五十根木柱桩组成六十七个桥墩和六十八个桥孔，在木柱桩上加盖顶横梁组成排架，排架上搁置大木梁，再铺上木桥面，两边设雕花木栏杆。现存的西安灞桥、泉州洛阳桥、漳州虎渡桥、绍兴八字桥是木、石梁桥的典范作品。

提起灞桥，还有一个典故：唐时长安有一个敏捷多思的诗人郑棨，创作甚丰，人问其故，他说："诗思在霸桥风雪中驴背上。"于是骑驴于风雪灞桥觅诗，一时成为风气。

我国建造拱桥历史，比以造拱桥闻名的古罗马虽晚了三四百年，但形式之多、造型之美、风格之独具，则世界少有。有驼峰突起的陡拱，有宛如皎月的坦拱，有玉带浮水的纤道多孔拱桥，还有长虹卧波、形成自然纵坡的长拱桥。苏州现存的石拱桥中，有名的如行春桥、五龙桥、普济桥、莲花桥等。网师园中的引静桥，长仅两米，宽仅一米，桥上石栏精美，姿态苗条秀丽，是此园中的点睛之笔。

浮桥，多用竹、木、皮筏做成，主要以木船铺上桥梁，古代称为舟梁。而吊桥，又称索桥，常建于悬崖峡谷或急流险滩，都江堰的珠浦桥、四川的泸定桥、云南永平县的霁虹桥，都为古吊桥的杰出代表。

游览北京，不可不去一睹卢沟桥的风采，它不但造型雄宏，风光秀美，历史悠长，而且在此揭开了我国抗日战争的序幕！此桥建于1192年，距今八百余年，全长二百六十余米，是我国北方现存古桥中最长的石拱桥。桥上的装饰艺术、华表、桥栏、石狮等，雕刻精美，造型生动，堪称艺术瑰宝，"桥上两旁皆石栏，雕刻石狮，形状奇巧"（《载司成集》）。

鬼斧神工的古栈道

史载，楚汉相争，刘邦屡战屡败，一直被撵到汉中。临行张良献计，烧毁栈道，“示天下无还心”（《汉书·张良传》），借以麻痹对方。之后，又大张旗鼓修复栈道，其目的是为了转移楚军的注意力，而刘邦主力则由勉县进入秦岭，沿故道直扑陈仓，大获全胜。这便是成语“明修栈道，暗渡陈仓”的出处。

栈道到底为何物呢？

先说“栈”这个字，“棚也。竹木之车曰栈”（《说文》）。栈，即指棚阁，棚阁即是楼阁，又指竹木做成的车子。栈道者，“我国古代高楼间架空的通道”（《辞海》）。《淮南子·本经训》说：“延楼栈道。”高诱解释为：“延楼，高楼也；栈道，飞阁复道相通。”故这种建筑形式，又称阁道、复道。

我国战国时在今天的川、陕、甘、滇等省境内，于峭岩陡壁上凿孔架桥连阁而成的一种道路，也名之为栈道，“栈道千里，通于蜀汉”（《战国策·秦策》）。

我的同学王蓬历数年之工考察蜀汉古栈道，写下一部奇书《山河岁月》，上下两大卷，八十余万言，受到各界好评。他在考察陕西汉中太白县红崖河古栈道时，说：“待到诸葛亮最后一次进兵时，由于水大浪急，无法安立柱于水中，迫不得已，只好采用‘千梁无柱式’。从遗迹看，这些高于河边二至五米的石孔，三十厘米见方，深七十厘米，间距五十厘米，塞进石梁或木梁，上覆以板，以过军马，类似今日伸出楼面之阳台”。（《山河岁月·争战之路》）而栈道常见之样式，是诸葛亮在《与兄瑾言赵云烧赤崖阁道书》中所说的：“其阁梁一头于山腹，一头立于水中。”即在水中立柱，木梁或石梁一头插入崖上凿好的孔中，一头搁在柱上，然后在梁上覆以木板。据王蓬勘测，栈道宽一点七米、一点八米不等。

古人选道，无不沿山谷河流，“道理简单又深含科学。河谷一般平缓，少攀登之险，只需沿河水抵达源头，翻越分水岭一段高山，寻找对应或接近的山谷，避险就易，减跋涉之苦”（王蓬《山河岁月·智慧之路》）。这也就导致了栈道这种建筑形式的产生。

这些古栈道，在当时既是征战的通道，又是邮传之路、贸易之路，同时，还是一条艺术的长廊。石崖上随处可见石刻的精美书法作品，具有很高的史料价值和艺术价值。

入蜀的栈道上发生过许多有名的故事，唐玄宗在“安史之乱”时，就是通过它逃入四川的。“西出都门百余里，六军不发无奈何”，唐玄宗只好处死杨玉环，“回看血泪相和流”，然后在一种极其悲痛和凄凉的心境中进入川境，“黄埃散漫风萧索，云栈萦纡登剑阁。峨嵋山下少人行，旌旗无光日色薄。蜀江水碧蜀山青，圣主朝朝暮暮情”（唐·白居易《长恨歌》）。诗中之“云栈”即入川的古栈道。宋代诗人李觏写了一首七绝《读长恨辞》：“蜀道如天夜雨淫，乱铃声里倍沾襟。当时更有军中死，自是君王不动心。”“蜀道”者，亦古栈道。李白在《蜀道难》中唱道：“尔来四万八千岁，不与秦塞通人烟。西当太白有鸟道，可以横绝峨眉巅。地崩山摧壮士死，然后天梯石栈相钩连。”可以看出修栈道之难，它是无数劳动人民的血汗和生命铺砌而成的！

古隧道：石门洞

当你乘坐火车奔走于湘黔、成昆等西南铁路线上，火车从重重山岭中穿过，长长短短的隧道不计其数，你会感慨人类征服自然的神功伟力。日行千里，真正是"万水千山只等闲"了。

翻开历史之页，我们可以自矜地说，中国是世界上最早用人工开凿穿山隧道的国家。

隧道者，地道也，"通常指穿凿在山岭、河流及地面以下的通道"(《辞海》)。《左传·隐公元年》载："阙（掘）地及泉，隧而相见。"这条隧道在地面和泉流的下面，由人工开掘，在生产力十分落后的当时，其难度可想而知。

从史籍中，从现在所拍摄的一些古代战争的电影、电视中，我们可以看到挖掘隧道直逼城下，或者直接通向城中，是一种常用的战术。这种隧道只是一种临时性的建筑，战斗结束，它的使命也就结束了。曾国藩所率领的湘军围困南京时，其弟曾国荃就采用挖隧道之法，而太平军则极力破之，在王定安所撰《湘军记》中多有记载："乙丑，国荃攻金陵月围，破之。月围者，贼（指太平军）附城筑垣，以拒我地道者也。金陵城周百里，国荃日令军士凿隧道，凡南门一穴，朝阳至钟阜门三十三穴；篝火而入地，或崖崩窟塞，则纵横聚葬于其中。贼乃筑月围穿穴拒我，时以毒烟沸汤入穴中，军士多死。"

在现代战争中，挖掘隧道亦常用之，《地道战》便是一个明证。在河北平原，无险可守，为打击日伪军，为保护自己，村村挖地道，家家挖地道，互为联通，可进可退，可攻可守。到了今天，这些地道既是生动的爱国主义教材，又是难得的旅游资源。

国外研究交通史的专家曾撰文说："世界上最早用人工开凿的穿山隧道，出在中国的陕西褒城"。(《汉中地区名胜古迹》) 其实，时间当大大推前。但就知名度而言，陕西褒城的石门洞隧道也就独领风骚了。

在秦岭山脉中有一条贯穿关中和汉中的山谷，两侧高峻，褒水流经此中，长二百三十余公里，其南口曰褒，在原褒城县北五公里，今汉中市二十五公里；北口曰斜，在郡县西南十五公里，故曰褒斜谷。自战国时起，此地便凿石架木，修筑栈道；或企图利用褒水以通漕运。石门洞隧道，在褒斜道南口，故又称南谷口。《国志 · 魏延传》载：诸葛亮死后，蜀军撤退汉中时，魏延与杨仪抢先退兵，“延先至，据南谷口”。石门洞长十六点三米，通宽四点二米，南口高三点四五米，北口高三点七五米。

石门洞的开凿，据记载应在东汉，“至于永平（汉明帝刘庄年号）四年（61年），诏书开斜，凿通石门”（《石门颂》）。动工则是“永平六年(63年)，汉中郡以诏书受广汉、蜀郡、巴郡徙二千六百九十人，开通褒斜道……九年四月成就”（《郁君开通褒斜道碑》）。

在当时开凿这样的穿山隧道，既没有先进的挖掘工具，又没有用炸药进行爆破的先进技术，采用的是“火焚水激”的传统方法，即以木材、桐油将山石烧红，然后以冷水泼之，使顽石热胀冷缩而断裂，再以钢凿凿之，耗费大量的人力、工时。秦时李冰父子修都江堰，凿穿山崖时，采用的也是这种方法。

绿杨荫里白沙堤

在《郁达夫诗全编》中，有一首《乙亥夏日楼外楼坐雨》："楼外楼头雨如酥，淡妆西子比西湖。江山也要文人捧，堤柳而今尚姓苏。"这是郁达夫在西湖有名的酒楼"楼外楼"观赏雨景时所作，最末一句是指杨柳依依烟笼苏堤。苏堤者，是苏东坡任杭州知事时主持修筑的长堤，因而得名。

"堤，滞也"（《说文》），"滞"与"止"其义相同，是阻止水患泛滥的。我国古代，很早就懂得构筑堤防的技术，"（季春之月）修利堤防，道达沟渎"（《礼记月令》）。建在江、河两岸的，谓之江堤、河堤，建在海边的称海堤或海塘，建在湖边或湖中的为湖堤。杭州西湖的白堤和苏堤，历岁月风雨，至今犹存。

西湖最早的时候，是个浅海湾，由蔚蓝的海水覆盖着。南面的吴山和北面的宝石山，是环抱这个海湾的两个岬角，海湾口向东北方向敞开，海浪可直拍西湖周围的山脚。后来，潮水带来的大量泥沙，以及钱塘江和从周围山岭注入海湾的溪流也带来了泥沙，在这里不断沉积，从而使海湾不断变浅变小。尤其在两个岬角前端，泥沙沉积最多，沙洲迅速增长，最后互相连接，隔断了浅海湾与大海的联系，沙洲内侧就是西湖的雏形。但因这里水系交错，所以治理水利便成了极为重要的工作。历代劳动人民和大自然展开了持久的拼搏，疏浚开挖筑堤垒坝，使其逐渐成为鱼米之乡与风景胜地。

唐长庆年间（821～824年），著名诗人、文学家白居易就任杭州刺史。他目睹西湖水患给人民带来的灾难，便亲自领人勘查设计，尔后修建长堤，堤上广植杨柳，既可挡洪，又可蓄水灌溉农田，还是一处风景优美的游览地，此堤便是白堤。他在《钱塘湖春行》中颇为欣然地写道："最爱湖东行不足，绿杨荫里白沙堤。"

白居易离开西湖265年之后，北宋元佑四年（1089年），著名文学家、诗人、词人苏东坡赴杭州任知事。他在任内亦重视水利建设，疏湖修筑了一条比白堤还长的堤，位于湖之西。长长的苏堤上，建有好几座拱桥。日本诗人九条武子曾游此堤，她写下这样的诗句：“嫩芽翠欲滴，苏堤长又长。行行复行行，渡过几重桥。”在“西湖十景”中，“苏堤春晓”是极为人津津乐道的。

对于长堤风物，文人墨客在游历西湖时，多有吟咏：“轻舟短棹西湖好：绿水逶迤，芳草长堤，隐隐笙歌处处随”（宋·欧阳修《采桑子》）；“云树绕堤沙，怒涛卷霜雪，天堑无涯”（宋·柳永《望海潮》）。

在西湖白堤的尽头，西泠桥的南侧，有栋三层三开的中式别墅掩映于绿丛之中，这便是一代国学大师俞樾的旧居，人称俞楼。作为俞氏后人的红学家俞平伯自然对西湖情有独钟，他在《西湖的六月十八夜》散文中，曾有几处写到“白沙堤”的景致：“归途车上白沙堤，则流水般的车儿马儿或先或后和我们同走。其时已黄昏了。呀，湖楼附近竟成一小小的集市。”“梦中行走般上了岸，H君夫妇回湖楼去了，我们还恋恋于白沙堤上尽徘徊着。楼外楼仍然上下通明，酒人尚未散尽。路人三三五五，络绎不绝。”……

宋代诗人杨万里曾在《圩丁词二首》中，描绘过当时筑圩（防水堤）的情景。其一：“年年圩长集圩丁，不要招呼自要行。万杵一鸣千畚土，大呼高唱总齐声。”其二：“河水还要港水低，千支万派曲穿畦。斗门一闭君休笑，要看水从人指挥。”

墓·坟·陵

在我国原始社会时期，自从产生了灵魂观念之后，人死后的墓葬也就得到了重视。但由于当时生产力低下，生活困顿，逝者入土后并没有在地面留下什么标志。“古之葬者，厚衣之以薪，葬之中野，不封不树，丧期无数”（《周易·系辞下》），即早期的墓葬既无封土的坟头，也无树木或标志。

何谓墓？在古代典籍中，“墓”这个字的解释与“没”字相同，埋在地下就没有了。“古者，墓而无坟”（《礼记·檀弓》），注解曰：“凡墓而无坟，不封不树者，谓之墓。”

大约从周代起，在墓上开始出现封土坟头。《周礼·春官》载：“以爵为封丘之度。”即按照官爵的等级来定坟头封土的大小。春秋战国以后，坟头封土逐渐高大，形似山丘，因此有墓地称之为邱的，如赵武灵王的赵邱，燕昭王的昭邱。墨子在《节葬下》中说：“此存乎王公大人有丧者，曰棺椁必重，埋葬必厚，衣衾必多，文绣必繁，丘陇必巨。”

有了坟丘，就有所栽树木或其他物件作为标识，以便祭奠。在漫长的岁月里，墓地建筑也逐渐发展起来，碑、墓台、祭亭、祭殿、石室……从平民到权贵，以其地位和财力而成为不同的格局。特别是帝王的陵寝，更是工程浩大，梁思成《中国建筑史》在论述西汉帝陵时说：“西汉诸帝陵，均起园邑，缭以城垣，徙民居之，为造宅第，设官管理，蔚然成邑。今长安附近，汉帝诸陵虽仅存坟台，其缭垣及门阙遗址尚可辨。坟丘名曰方上，多为平顶方锥体，或单层或二三层，最大者方二百六十余米，高三十米。其附属庙殿，均无存焉。”

帝王的坟墓为何称之为陵呢？

帝王墓封土的发展过程和形式主要有三种：第一种叫方上，是早期墓上封土坟头的一种形式，即在墓坑（地宫）之上，用黄土层层夯筑，使之成为一个方锥体，因其上部为方形平顶，故

名之“方上”，望之像一座不小的山。第二种是以山为陵，利用山的丘峰作坟头，唐代帝王陵一开始便采用这种形式，安葬李世民的昭陵，选择长安西北海拔一千一百八十米的九峻山为坟，凿山建造，以山岳的雄伟气势，来体现帝王的尊严。第三种是宝城宝顶，因唐代以山为陵的建筑形式出现之后，对于“方上”坟头的形式有所借鉴，一些帝王的坟头采用了圆顶封土，谓之“宝城宝顶”。从明清起，两朝三十多个皇帝和上百个后妃的坟头，都采用了宝城宝顶的建筑样式。

陵者，大土山。《诗经·小雅·天保》说：“如冈如陵。”最早帝王墓的“方上”坟头，形如土山，故称帝王陵；此后的以山为坟和宝城宝顶样式，皆具有一种山的阔大气魄。所以，凡帝王和领袖的墓葬地皆称之为陵，如十三陵、中山陵，等等。

古代帝王陵的地面建筑主要由三部分组成。一为祭祀建筑区，主要建筑物是祭殿，旁边有配殿、廊庑，前面有焚帛炉（烧纸钱的）、大门等建构，后面有祭坛等。二为神道，即通向祭殿和坟前的导引大道，又称“御路”、“甬路”。神道和两侧建有石牌坊、大红门、更衣殿、神功圣德碑楼、影壁山、石望柱、石象生、龙凤门、七孔桥等构置。三为护陵监，是专门设置的保护陵园的机构，每一个皇帝的陵都有一个护陵监，外面有城墙围绕，里面有衙门、市街、住宅等等。

帝王陵墓的地下建筑更是复杂，地宫（又称玄宫、幽宫）是重要部分，如定陵的地下宫殿，总面积一千一百九十五平方米，由隧道进入，有前、中、后三殿及左、右两配殿，顶部盖以琉璃瓦。定陵地宫的建筑材料，主要是汉白玉、艾叶青和花斑石等巨大石块，铺地为澄泥砖，不知耗费了多少人力物力！

古陵墓前的石兽

在我国古代陵墓的墓道旁，多立有石兽。石兽大体上有两类，一类是马、牛、羊、鹿、象、虎、狮子、骆驼等现实生活中存在的动物；另一类则是根据神话传说所创造的神兽，如龙、天禄、麒麟、狴犴、獬豸等等。这些石兽作品，有不少堪称经典之作，在中国美术史上占有一席地位，如西汉霍去病墓的石刻、唐李世民昭陵祭坛区的六骏浮雕、凤阳明皇陵前的石刻。

《中国美术简史》说："西汉雕塑艺术的新成就，突出地表现在大型纪念性石刻及园林、陵墓装饰雕刻上。"对于汉代石刻的风格，誉为"深沉雄大"。霍去病墓的石刻，是西汉纪念碑性质的一组大型石刻，为汉武帝元狩六年（公元前117年）少府属官"左司空"署内的优秀石刻匠师所雕造。

霍去病自幼善骑射，从元朔六年十八岁任剽姚校尉开始，到元狩四年为止，五年之内六次率军反击匈奴侵犯，为解除匈奴对西汉王朝的威胁，为打开通往西域的道路，建立了不朽功勋，深受汉武帝器重，初封冠军侯，晋封骠骑将军。他不幸于元狩六年病逝，年仅二十四岁。汉武帝特地在茂陵东西不远处，选定霍去病的墓址。墓前石刻，怪人、卧马、跃马、卧牛、卧虎、卧猪、怪兽吃羊、人抱熊、马踏匈奴，以及卧象、短口鱼、长口鱼、水獭、右司空刻石、平原刻石等十六件。这些石刻大都用一块不规则石头的自然轮廓，因势而作，只粗粗几下，便用线条将不同动物的形象勾勒出来，手法简洁浑厚，善于捕捉住被雕对象一刹间的运动动作来表现它们的神态和力度。《马踏匈奴》是这批石刻中的主像，高一点六八米，长一点九米，以马为主，以"匈奴"为从，同雕于一石，马的雕刻比较细致，而"匈奴"的处理则非常粗略，不雕容貌。马昂首挺立，脚下踏着一个垂死挣扎的"匈奴"，以马显示霍去病的英雄气概，构思出人意表。

《昭陵六骏》是在石屏上浮雕唐太宗李世民南征北战，先后骑过的六匹骏马，曰：什伐赤、青骓、白蹄乌、特勒骠、飒露紫、拳毛䯄。石屏各高一点七米，宽约二米，每块石的右上角，刻有李世民的四言赞诗；六匹马在神态与构思上，各有特点。如青骓，毛色苍白相杂，诗赞曰：“足轻电影，神发天机，策兹飞练，定我戎衣。”而飒露紫，鞍鞯齐备，鬃毛飘竖，前腿拔直，后腿稍曲，正如赞诗所称：“紫燕超跃，骨腾神气；气慑三川，威凌八阵。”这六件石刻作品，“纯熟地使用了‘起位’这一典型浮雕创作技巧，因而使作品产生了强烈的体积感。千余年前的雕刻家能够如此明确地认识到浮雕创作的这一基本特征，是令人惊叹的”（《中国美术简史》）。

凤阳朱元璋父母的明皇陵前的石刻像，多达三十二对，是目前国内石像中最多的，其中的两对麒麟，高达一点六米，长达三点五米，其造型之生动，雕工之精致，都是国内所罕见的。

而四川雅安县东汉高颐墓前的石狮，昂首挺胸，扬头张嘴，胸旁各有肥短的翅翼，纯属安息艺术的表现风格，但它已把古波斯阿塔萨斯宫前石狮展翅式三叠飞翼，简化成肥壮的二重翅翼。有“翼兽的雕刻，起源于亚述，经波斯传进北印度和中国”（《中国的碑雕画塑》）。可见在文化艺术上的国际大交流，在很早的时候，就已形成风气。

牌　坊

在古城湘潭的雨湖公园中，有一座三间四柱、上搭横石遮檐的石牌坊，横额为“双璧无瑕”，四根方柱上镌联二副。其一：“不及黄泉焉避害；有如白水表同心。”其二：“青冢芳魂留片石；白波明月照双娥。”关于这座石牌坊，记载着一个十分悲惨的故事：清嘉庆年间，有民女二人被骗入妓院，但坚贞不从，双双逃出，投雨湖而死，人们便为其立下牌坊。

牌坊，又称牌楼。牌坊的“坊”，原是一种人口居住的单位名称。史籍记载，春秋至战国时代，各国都城已有闾里为单位的居住方式。西汉长安，城里有一百六十个闾里，每一闾里设“弹室”管理居民。隋唐时代，居住区的基本单位始称“里坊”，里坊入口处设门，并标出此坊的名谓。里坊入口处设专职门卫，以管理宵禁等事宜。里坊的门以木柱上搭横梁构成，这就是牌坊的最早建筑形式。以后，发展成为砖石结构，而形式亦有所变化，特别是一些帝王墓神道上的牌坊，高大巍峨，精雕细刻，成为极有价值的艺术品。

假如，你去游览北京的十三陵，陵区正门前耸

立一座极恢宏的石牌坊，它建于明嘉靖十九年（1540年），距今已有四百多年的历史。其结构为五间六柱十一楼，阔约近三十米，高出坊顶一倍有余。六根大方柱耸立于石基上，柱脚表面浮雕云龙，上部加饰立雕卧兽。石牌坊全部选用汉白玉，显得庄严肃穆。

牌坊这种门洞式的建筑形式，在中国常作为某一个地域（街道、集市、风景区）的标志，起指示性的作用，如北京的东四牌楼、西单牌楼。湖北黄石市的沈家营牌坊，坊柱上有一副对联，简要地介绍了此处的地形地貌："地本覆盆，留待美女洗脚；山名斗笠，赐于斋公遮头。"

牌坊还逐渐发展成为一种纪念性的建筑，旧时代各处皆可见贞节坊、忠义坊，是为了旌表节妇贞女以及忠义之士的。还有一些牌坊是为纪念伟人名人的，以表彰其功德。如武汉龟山东端，怪石嶙峋，直劈江水，与对岸黄鹤矶头锁江相望，形成长江中流的天然门户，相传此处为大禹治水成功之所，后人建禹王祠，故此处名叫禹功矶，并立有禹功矶石牌坊，坊柱上的联语云："仰望晴空无际；俯听江流有声。"

历史上的一些重大事件在某地发生，为昭示后人，也往往高矗牌坊，以与岁月相厮守。如湖南芷江七里江磨溪口的"受降纪念坊"，属三间四柱的传统式样，是为纪念1945年8月21日，日本侵略者向中国政府投降的重大历史事件而建的，蒋介石、李宗仁、何应钦皆有对联镌于其上。李宗仁的对联写得最有气势："得道胜强权，百万敌军齐解甲；受降行大典，千秋战史记名城。"

此外，"在宫殿入口大道或帝王陵园的神道上布置若干牌坊，可增加纵深方向庄严肃穆的层次感"（庄裕光《古建春秋》）。如清代雍正之陵，在河北易县西永宁山，"陵之最前为五孔石桥，次石牌坊三座，皆五间六柱十一楼，气势雄伟"（梁思成《中国建筑史》）。

巍巍丰碑

唐代陆龟蒙《野庙碑》一文中说："碑者，悲也。古者悬而窆用木，后人书之，以表其功德，因留之不忍去，碑之名由是而得。"

所谓碑，古代所指不同，有几种解释：

宫前所竖的一块大石头，用以测量日影，计算时间。

宗庙前所竖的长条石，用以拴系牲口。

"古者悬而窆用木"，即死人下葬用的木头，插入墓穴中，一头穿绳用来让棺木缓缓下放。所谓丰碑，原指这下葬用的木柱。以后，木柱上面书写死者生平事略，留在墓地，以为标识和纪念，寄托哀思，故陆龟蒙有"碑者，悲也"之说。

现在所说的"丰碑"，概念则完全不同了，成了对有功德者的赞颂之词，以昭示后世。在现代更多的则是在石上刻上文字，作为某个纪念地或纪念物的标志。

碑有庙碑、墓碑、思贤碑、政声碑、纪念碑多种。碑与碣常常并称，但其实是有区别的，古人把长方形石刻称之为碑，圆形石刻称之为碣，在汉代碑碣并称。

欧阳修在《集古录》中说："余家集古所录三代以来钟鼎彝器铭刻备有，至后汉以来始有碑文，欲求前汉时碑碣，卒不可得，是则冢墓碑自后汉以来始有也。"当然欧阳修也只是大概而论，前汉以来并非碑碣都无文字，秦始皇五次出巡，七次刻石均为李斯风格的秦篆，现存"泰山刻石"九个半字、"琅琊山刻石"十三行，皆为秦篆真迹，只是墓碑文字极为少见而已。《乙瑛碑》、《史晨碑》、《华山庙碑》、《曹全碑》均为汉隶名刻。到了魏晋南北朝时期，碑刻之风尤炽，出现许多精品，康有为曾选六朝名碑一百余种，作为临摹之用而传世。唐碑更是一个辉煌的典范，出现不少不朽之作，如颜真卿的《颜家庙碑》、《郭家庙碑》、《颜勤礼碑》，柳公权的《神策军碑》、《玄秘塔碑》等等。宋以后，文学、书法名家辈出，存碑多多，恕不赘述。

在唐代，韩愈的诗文如日中天，他的碑记写得让人交口称赞，故有身份的人死了，不惜以重金相赠，请他为死者写歌功颂德的碑文，韩愈碍于情面在文中多有褒奖，被人讥之为“谀墓”。

明人张溥写的《五人墓碑记》，既是墓碑，也是思贤碑，写五个平民为反对阉党官僚的卑劣行径，如何激于义而死的。“五人者，盖当蓼洲周公之被逮，激于义而死焉者也。……独五人之皎皎，何也?……故予与同社诸君子，哀斯墓之徒有其石也，而为之记。亦以明死生之大，匹夫之有所重于社稷也。”

北京天安门广场的“人民英雄纪念碑”，1952年8月1日正式动工，于1958年4月建成，同年5月1日隆重揭幕。纪念碑正面向着天安门，由两层须弥座承托着巨大的碑身。碑身东西两侧上部，刻有以红星、松柏和旗帜组成的“光辉永存”装饰花纹，象征先烈们的革命精神万古长青，永照后代。正面碑心嵌装一块重六十吨的花岗石，石上北面镌刻毛泽东手书的“人民英雄永垂不朽”八个鎏金大字，南面刻的是由毛泽东撰文、周恩来亲笔书写的碑文。全碑用一万七千余块花岗石、汉白玉组合而成。从地面开始建有双重月台，四周环绕汉白玉栏杆；碑座四周镶嵌八块巨大的汉白玉浮雕，图案分别为《虎门禁烟》、《金田起义》、《武昌起义》、《五四运动》、《五卅运动》、《南昌起义》、《抗日游击战争》、《胜利渡长江》，概括了一百多年以来，中国人民惊天动地的革命业绩。在两层须弥座上的小须弥座四周，则镌刻着用牡丹、荷花、菊花和垂幔等组成的八个大花圈，表达亿万人民对于烈士们的纪念和仰慕。

华表说荟

抽烟的人都注意过“中华”牌香烟盒上的图案，庄严的天安门城楼，以及城楼前那一对汉白玉雕刻的华表，庄严肃穆，引人景仰。如果你再细看那一对华表，柱顶有一刻花托盘，谓之承露；盘上雄踞着一头怪兽，头朝外，望着遥远的天际，此兽名犼（据神话传说，犼为龙王的九个儿子之一，忠于职守，故龙王令其负责警戒）；承露盘下面是一片用云纹雕饰的横档，一头大，一头小，似柱身直插云间；柱的下部基座仿须弥座造型，四周为汉白玉栏板环绕。华表建于明朝永乐年间，据估算，每只华表重约四十吨，它的造型、雕刻技艺，都堪入建筑史话，表现了古代建筑师的心血和智慧。

表者，标也。华表的雏形，在原始社会的尧舜禹时代就出现了，当时是以简单的木桩作标识记号而已，“禹敷土，随山刊木，奠高山大川”（《尚书·禹贡》）；《史记·夏本纪》说禹“行山表木，定高山大川”，意思是禹率众人砍伐树木，留下树干，作为测量山川形势的标记。此外，那时还在交通要道竖立木柱作识别标志，谓之“华表木”或“桓木”，近似于现在的指路标。

这种华表木，还名之为“诽谤木”，让人们在上面刻写对执政者的意见，“尧置敢谏之鼓，舜立诽谤之木”（《淮南子·主术训》）；“臣闻尧舜之时，谏鼓谤木，立之于朝”（《后汉书·杨震传》）。不过，当时的“诽谤”并无贬义，概指议论是非，指责过失，是执政者表示虚心接受意见的一种姿态。比如，清兵入关前的努尔哈赤时期，就“竖二木于门外，有欲诉者，书而悬之木，览其颠末而按问焉”（《东华录》）。

华表木（诽谤木）在当时是个什么样子呢?“以横木交柱头，状若花也，形似桔槔，大路交衢悉施焉。或谓之表木，以表王者纳谏也，亦以表识衢路也”（《古今注·问答释义》）。桔槔又为何物呢?即一种汲水的工具，木柱上加横杆，一端吊水桶，另一端坠石头，利用杠杆原理提水，可省力。故天安门华表的基本造型，秉承了上古形制。

随着时代发展，帝王乃天之子，高高在上，也就很难让人们随意提意见了，华表或木雕或石刻，上面多饰皇权象征的云龙纹，立于皇宫或帝王陵寝的前面，作为皇家建筑的一种特殊标志；也有的立于京城门外，以作标识。

假如你游览天安门，仔细考察门前这一对华表，以及天安门后面的一对华表，你会发现柱头承露盘上的蹲兽犼的头部朝向是不同的。前者的犼，头朝宫外，是告诫帝王不要在外沉迷于山水，应尽快回朝料理政务，故名“望君归”。而后者的犼，头朝宫内，是希望帝王不要沉溺宫内的享乐，应多走向民间了解民情，故名“望君出”。

华表这种古代的建筑形式，常被运用到现代的建筑活动中。一些广场和巨大的建筑群体前，常采用华表来增加庄严和雄伟，颇为人注目。

与华表有些近似的建筑形式，如阙、坊，它们的区别何在呢?“……柱高而不刻字者，谓之华表；柱矮而刻字者，谓之阙；四柱平立，上有横石二条，谓之坊”（《曾国藩家书三种合编》）。

坛——祭场

三国时，曹操与孙权对峙于赤壁，曹兵不善水战，庞统乃献连环计，把战船钉锁在一起。周瑜欲用火攻，但时值隆冬，少有东风。诸葛亮自言能于南屏山设坛祭天以借东风。于是在京剧中有《借东风》一出，名老生马连良演得最是出神入化，他的马派唱腔亦发挥到极致，堪称经典："……诸葛亮上坛台观瞻四方：望江北锁战船横排江上；谈笑间东风起，百万雄师，烟火飞腾，红透长江！……"

"坛，祭场也。"（《说文》）"土基三尺，土阶三等，曰坛。"（《说文句读》）"坛的原意是没有房屋的台基"（钱正坤《世界建筑史话》）。《周官》说："苍璧礼天，黄琮礼地"，意为面向苍天祭天，面对着地祭地，不能在室内进行祭天地日月之礼。

中国古代礼制所尊崇的五项内容为"天地君亲师"，祭天（包括日月）地是最庄严隆重的仪式，所以古人说："祭宗庙，追养也；祭天地，报往也。"祭天和祭地的坛，形制是不同的，《广雅》说："圆丘大坛，祭天也。方泽大折，祭地也。"祭天之坛是圆的，祭地之坛为方形。

随着社会生产水平的发展，以及皇权的日益崇荣，坛的建筑不再是一个坛台，而是作为一个建筑群体而存在，北京的天坛即是一例。

天坛是明清两朝皇帝祭天之处，主要建筑有祈年殿、圜丘、皇穹宇等，占地约千亩，规模宏大。走进天坛，使人产生"天高地迥，觉宇宙之无穷"的强烈感受。且说圜丘，是一个三层汉白玉的圆形露天祭场，体现古制"柴燎告天，露天而祭"的意蕴。又因所祭之天为阳，奇数乃阳数，故圜丘的台阶、栏杆、铺地石块，均取一、三、五、七、九等奇数。而九为"极阳数"，圜丘最上层的中央为一圆石，外有九环，以后每环的石块都是九的倍数。

在北京，除天坛之外，还有地坛、日坛、月坛、先农坛、社稷坛。

社稷坛，在天安门西侧(现为中山公园)。“社，土地之主也，土地阔而不可尽敬，故封土为坛，以报功也。稷，五谷之长也，谷众不可偏祭，故立稷神以祭之”(《孝经纬》)。社稷坛为方形，三层，中央有五色土。“东青土，南赤土，西白土，北骊土，中央焘以黄土”(《周书》)，以此说为据，在坛内填上五色土，以象征东西南北中的广大疆土。社稷坛内还有一座享殿，为皇帝休息或避雨之所，现改为中山堂。

地坛又名方泽坛、方丘坛，“泽”和“丘”都是象征地的，按古人“天圆地方”之说，故冠以“方”字。与之配套的建筑，有神库、神厨、宰牲亭、祭库、斋宫、銮架库、遣官房等等。

日坛在北京朝阳门外，“坛方广五丈，高五尺九寸，坛面用红琉璃，阶九层，俱白石”(《春明梦余录》)。月坛在阜成门外，“夕月坛每三岁一亲祭，以丑、辰、未、戌年行事”，其余派大臣致祭，日坛遣文官，月坛遣武官（《明嘉靖祀典》）。

在北京坛庙建筑中，最恢宏最壮丽的是天坛。它的祈年殿中的构件，具有意味深长的象征意义。外圈十二根檐柱象征一日十二个时辰，内圈有十二根金柱象征一年十二个月，中心有四根龙井柱象征一年四季，可见古代工匠的良苦用心。

高标跨苍穹

最为脍炙人口的塔，在中国要算雷峰塔了，因为它与《白蛇传》的故事息息相关。法海多事，将白蛇镇于塔下，拆散了一段美好的婚姻，令人同情且愤慨。

而稍有古典文学知识的人，又不会不熟悉唐代诗人杜甫的名作《同诸公登慈恩寺塔》:“高标跨苍穹，烈风无时休。自非旷士怀，登兹翻百忧……”慈恩寺塔即西安大雁塔。

在我国早期的古代建筑物中，台、亭、楼、阁、轩、榭、廊、庑、桥、墓……却没有塔。塔原本产生于印度，是佛教的一种建筑物，于公元一世纪的东汉时期，才随着佛教传入我国。塔在佛教的创立地印度，最先是用来保存或埋葬释迦牟尼的“舍利”（舍利原文含义为尸体或身骨，焚化遗体所结成的晶莹、坚硬的珠子称为舍利子）用的建筑物。古印度的塔有两类，一类是埋藏舍利、佛骨的“窣堵波”，属坟冢性质；一类是内无舍利的“支提”或“制底”，即所谓塔庙。随着佛教的传入，塔这种建筑形式也在我国落户，并生发出异彩，“支提”发展成石窟寺，“窣堵波”则进化为各式各样的古塔。在早期的汉字中没有“塔”字，是根据“佛”字的梵文音韵“布达”，造出了一个“荅”字，并加上“土”字旁，以表示坟冢之意。

庄裕光先生在《塔的演变》中说:“中国建造的塔，

不但塔内供奉佛像，还可登塔远眺，有些塔还变成了地区的标志。就用途分，有经塔、墓塔；就结构和形式分，有阁楼式塔、密檐塔、单层塔等等。阁楼和密檐的层数多用单数，一般以七至十三居多。”

塔，又称浮图、浮屠，是“佛陀”梵文的译音。民间俗语中，有这样一句话：“救人一命，胜造七级浮图。”我国古塔的建造，在使用建筑材料上不拘一格，有土塔、石塔、陶塔、砖塔、木塔、金塔、银塔、铁塔、铜塔、象牙塔、琉璃塔、瓷塔、砖石塔、砖木塔等等。塔除了埋藏、保存、供奉舍利之外，还延伸出另外的社会功能：筑高塔以观察敌情，如河北定州的料敌塔，为北宋时所修，用以观察辽军的动向，其高八十四米有余；作登高赏景之用，如大雁塔，既可登临纵目以观美景，又可作“雁塔题名”之雅事，是当时考中进士的学子所津津乐道的；塔还可导航引渡，如福州马尾的罗星塔，在世界的航海地图上早已被列为重要的航海标志。塔的绚丽多姿，可以装点风景。我自小生长之地——湖南湘潭，在湘江的东岸，立一石塔，巍巍然，使沿岸风光十分显目。古塔还保存了不少书法瑰宝，因塔而写，因塔而流传：唐代大书法家颜真卿的《多宝塔碑》，唐代柳公权的《玄秘塔碑》即为建塔而写，还有大雁塔下褚遂良所作的《雁塔圣教序》……这些碑帖皆已载入中国的书法史，为世人所称颂不已。

宋代王安石有一首名诗《登飞来峰》：“飞来山上千寻塔，闻说鸡鸣见日升。不畏浮云遮望眼，自缘身在最高层。”让我们记住他这警醒人心的句子，只要志存高远，又畏惧什么艰难险阻呢！

镌刻经文及寺史的经幢

沿着北京宣武区教子胡同一直往南走，路东有一座巨大的寺庙。山门外双狮对峙，寺貌威严雄伟，这便是北京城内最古老的法源寺。法源寺又名悯忠寺，“大雄宝殿后面的观音殿，又名悯忠台。在这里保持着法源寺的历代原藏石刻、经幢等，以唐代的《无垢净光宝塔颂》、辽代的《燕京大悯忠寺菩萨地宫舍利函记》最为贵重”。(刘燕铭《千年巨刹，法源今在》)

引文中所说的经幢，到底为何物呢?

经幢是佛教镌刻经文的石柱，还刻有寺院兴建或修葺的年代及经过，是考察寺院历史的重要佐证资料。

据佛教史记载，经幢是在七世纪后半期，随佛教密宗传入我国的。唐中叶之后，净土宗也建造经幢，数量逐渐增多，并推广开来。按佛教所立规矩，奉弥勒佛为主的，在殿前建经幢一个；奉阿弥陀佛或药师佛的，可建两个或四个经幢，分立殿之左右。

经幢多以石制，其形状较多。“一般都以须弥座与仰莲形石刻托盘承托幢身(刻经文部分)，顶部则饰以塔顶的造型”(庄裕光《古建春秋》)。

到了北宋，建经幢成为一种风气。国内现存的经幢，以河北赵县陀罗尼经幢最为雄奇硕大。此经幢全高十五米，底边是边长约六米的低平须弥座，基座上又有一较小须弥座承托幢身。须弥座束腰上，刻有歌舞伎乐和佛经故事，刻艺精良，形象逼真。幢身分为三段，下段包括宝山造型、刻经文的八角幢柱以及有缨络垂帐的宝盖；中段包括有狮首像和仰莲的须弥座、刻经文的八个角幢柱以及垂阙宝盖；上段由两层仰莲、刻经文的八角幢柱以及有显著收分的城阙（刻释迦牟尼游四门的故事）组成。最上面为宝顶段，设有带屋顶的佛龛、蟠龙、八角短柱、仰莲、覆钵和宝珠等，堪称一件十分珍贵的文物与艺术品。

经幢，属于宗教建筑中的小品，只建于寺内及其附近，它与华表、门阙、牌坊，有着极为明显的区别。尤其刻文上，它上面只刻经文，或建寺的时间与经过。但这种小品的造型，往往轻便灵活，颇为人注重。

经幢除石质之外，也有铁质的。湖南常德滨湖公园内的北宋铁经幢，是一座仿木结构，用白口生铁冶铸而成。全幢共分二十层，以石灰作凝结剂，幢身铸有《般若波罗蜜多心经》和捐资造幢人的名字及其官职。

月迷津渡

宋词人秦观在《踏莎行·郴州旅舍》中写道："雾失楼台，月迷津渡，桃源望断无寻处。"这津渡，即津口、渡口、渡头。

"津，水渡也"（《说文》），即河湖的渡口。《论语·微子》说："使子路问津焉。""渡，济也"（《说文》），其义为过河或经过水面，"春潮带雨晚来急，野渡无人舟自横"（唐·韦应物《滁洲西涧》），渡也就引申为渡口了，宋人陆游在《书愤》中说："楼船夜雪瓜州渡。"渡口又称为渡头，"汴水流，泗水流，流到瓜州古渡头"（唐·白居易《长相思》）。

湖南株洲的渌口，在古代是个很繁华的临水大渡口，"和风引桂楫，春日涨云岑。回首过津口，而多枫树林"（唐·杜甫《过津口》），这津口即渌口。

古代的野渡，是依自然形式而成，没有什么特殊的人为建筑。但城乡间临水的渡口，因过往人客多，往往有一些必备的设施，石砌的渡台，顺河湖坡岸而设的一级一级的石级，系船缆的石桩、木桩；在渡口往往设有供人休憩的亭子，或者庙宇。如渌口，在渡口岸边的伏波岭上，建有一座十分恢宏的伏波庙，毛泽东在考察湖南农民运动时，曾在此驻停。在湖南湘潭城西端头的湘江中有一个杨梅洲，湘

军首领曾国藩在洲上设立过打造战船的船厂，洲与城之间靠渡船来往，洲边渡口，石栏石级尚可辨认。

湘西学者石启贵，通晓苗语，汉文根底亦深厚，在旧时代曾任中央研究院委聘的湘西苗族“补充调查员”一职，以数年之调查研究，于1940年编写成《湘西土著民族考察报告书》。在第一章第二节的《水陆交通》中，介绍了渡口与渡船，“苗域之内，溪流纵横，水流湍急，易涨易退，间有河宽水深处，往来梗阻，即设渡船渡之。……用长篾缆子一根，两边系于河坎木桩上，扯成直线，缆中套一大铁圈，船头绳索系于圈上，自自然然，渡左渡右，便利行人经过也。”

著名作家沈从文，系湘西凤凰县人，他有一篇脍炙人口的小说《边城》，写祖父和孙女守着一个古渡口所发生的极为凄婉的故事。对于这个渡口的环境，沈先生写道：“到了一个地方名叫‘茶洞’的小山城时，有一小溪，溪边有座白色的小塔，塔下住了一户单独的人家。”又说：“小溪既为川、湘来往孔道，水常有涨落，限于财力不能搭桥，就安排了一只方头渡船。这渡船一次连人带马，约可以载二十位搭客过河，人数多的必反复来去。渡船头竖了一根小小竹竿，挂着一个可以活动的铁环；溪岸两端水面横牵了一段竹缆，有人过渡时，把铁环挂在竹缆上，船上人就引手攀缘那条缆索，慢慢的牵船过对岸去。”

至今，在湘、黔一些偏远的溪河边，仍存在着这种古渡口的痕迹。

因渡口称作津或津口，驾船的船夫，又名曰津人，“吾尝济乎觞深之渊，津人操舟若神”（《庄子·达生》）。唐人王昌龄《沙苑南渡头》诗云：“津人空守缆，村馆复临川。”

设在渡口的关门，称之为津门，“船横埭下，树夹津门”（南朝·庾信《明月山铭》）。津门又是天津市的别称，因明永乐二年筑城置戍，是拱卫北京的门户。

渡人过河的筏子名曰津筏，比喻引导人的门径，唐人韩愈《送文畅师北游》诗：“开张箧中宝，自可得津筏。”所谓“箧中宝”，无非是各种典籍，意思是常去观览，可以引导人找到成功的门径。

在河之洲

“关关雎鸠，在河之洲。窈窕淑女，君子好逑”（《诗经》），美丽的诗句，千百年来一直为人们所传诵。

洲者，指的是“水中陆地”（《辞海》）。在我的出生地湘潭，傍城而过的湘江西段，江心有一块凸出水面的土地，名叫杨梅洲。它曾是清代名臣曾国藩统领湘军时，为水师打造战船的一个重要基地，解放后洲上有一船厂，至今人口逾万，多为造船工人及其家属，还有一部分渔民和菜农。

在有宽广水面的园林建筑中，洲往往成为一个重要的景观，与陆地或以桥梁连接，或以舟楫相渡，可以平添许多趣味。

洲的设置，一是利用现成的自然地形，加以改造装点，使之与周围的环境成为和谐的整体。比如杨梅洲上的杨梅洲公园，在洲头围出一块地方，以砖墙隔之，里面设置亭、楼、廊、假山，在临水处建造船坞，系以游船，湘江也就成了园中之景。又如湘潭城中的雨湖公园，湖面宽阔，将湖中之周家山（实为一洲）隔开，分别从不同方位以石桥和铁索桥相连，而洲上养以孔雀，凿以石池，栽以花草，自成一个水上休闲的处所，颇为人珍重。

此外，园林中水面无洲的，以人力挑土垒石为之，再于洲上饰以楼阁花树，虽是人造，却似天生，《红楼梦》所写的大观园中的紫菱洲即为一例。紫菱洲上建有贾迎春的住所，在元妃省亲时，只是一笔带过，并未细写。到七十九回，迎春出阁，搬出大观园，贾宝玉至紫菱洲一带徘徊观望，我们方领略其风貌。

宝玉“因此天天到紫菱洲一带地方徘徊瞻顾，只见轩窗寂寞，屏帐翛然，不过有几个该班上夜的老妪。再看那岸上的蓼花苇叶，池内的翠荇香菱，也都觉摇摇落落，似有追忆故人之态，迥非素常逞妍斗色之可比”。触景生情，宝玉还吟成一诗：“池塘一夜秋风冷，吹散菱荷红玉影。蓼花菱叶不胜愁，重露繁霜压纤梗。不闻永昼敲棋声，燕泥点点污棋枰。古人惜别怜朋友，况我今当手足情。”

此时的紫菱洲，因迎春离去而充满了一派凄清、寂寞，令宝玉感慨万千。

洲在诗人的作品中，是个常常出现的意象，借以表达诗人各种不同的心境和情绪。“倚棹汀洲沙日晚，江鲜野菜桃花饭。长歌一曲烟霭深，归去沧江绿波远”（唐·李群玉《沅江渔翁》）；“独立寒秋，湘江北去，桔子洲头”（毛泽东《沁园春·长沙》）。

桃花坞

唐寅，字伯虎，在中国是个老少皆知的人物，诗、文、字、画，无一不精，被誉为江南第一风流才子。其实他一生饱经坎坷屈辱，挣扎于贫厄困顿之中。正德二年（1508年），他在苏州阊门内的桃花坞，筑了几间简单的房子，命为桃花庵，以此寄身。

桃花坞广植桃树，风景秀丽，唐寅在诗词中多次予以吟咏："桃花坞里桃花庵，桃花庵里桃花仙。桃花仙人种桃树，又摘桃花换酒钱。酒醒只在花前坐，酒醉还来花下眠……"（《桃花庵歌》）；"花开烂漫满村坞，风烟酷似桃源古"（《桃花坞》）。他只活了五十三岁，未尽其才，便离开了这个冷酷的人世。

何谓坞？"构筑在村落外围作屏障的土堡，也叫庳城"（《辞海》）。"又筑坞于郡，高厚七丈，号曰万岁坞"（《后汉书·董卓传》）；"溪行尽日无村坞"（唐·杜甫《发阆中》）。另外，"四面高而中央低的山地"（《辞海》）亦称为坞；引申为四面可挡风的建筑物，如花坞。在水边建筑的停靠和修理船只的地方，也叫作坞，如船坞；《红楼梦》第四十四回所说的"舡坞"，舡者，船也。

唐寅筑庵的桃花坞，四面有小土包，种植桃树，中央地势略低，故名。

无独有偶，在扬州也曾有过一座称之为桃花坞的园林建筑，“在长堤上，与韩园以竹篱为界……篱下开门，门为八角式，额上‘桃花庵’，三字刻石……门在河曲处，门中方塘种荷，四面幽竹蒙翳。构响廊，庋板架水上，额曰‘澄鲜阁’。由水中宛转桥，接于疏峰馆之东。馆之西，山势蜿蜒，列峰如云。幽泉漱玉，下逼寒潭。山半桃花，春时红白相间，映于水面……”（朱江《扬州园林品赏录》）这种建筑群皆坐落在略低于四面地势的中央地带，又临水，称之为坞，再恰当不过。

关于桃花坞，还有过一段趣事。清代时，文人相聚于斯，春和景明，柳絮轻飞，桃花似火，中有一人忽诗兴大发，起句为：柳絮轻飞触目红。众人皆笑，柳絮怎么是红的呢？笑声未了，第二句脱口而出：桃花坞浴夕阳中。于是满座惊叹，夕阳、桃花映着飞絮，飞絮自然尽被染红了。

大教场·演武场

在古代的城池，往往驻扎着军队，而军队必须有练兵习武的地方，以保持旺盛的战斗力，这种设施称之为大教场或演武场。

“场，祭神道也。一曰田不耕，一曰治谷田也”（《说文解字》）。场，意为祭神的平地。不事耕种的土地，以及收打、翻晒谷物的平坦地，也称之为场。以后，泛指有一定面积，且平坦规整之地，如：广场、操场，等等。大教场和演武场，是带有军用性质的场所，并建有一些附属建筑物。

张驭寰在《中国城池史》中说：“在城的内部，如有空场之地，这两项场地就决定在城内的城边城角建造。如果城内房屋甚挤，找不到宽广的空场，那就在城外，贴近城边建设，从各县的情况看，还是在城外建设这两项场地的比较多。”

一般来说，大教场的旁侧，要建造一些主持练兵和教官休息、办公的设施，如阅兵台和成组的合院建筑；在合院附近或在大门外，设立台基，台基上做旗杆台，以便竖杆挂旗。有的大教场还设立双旗台座，还有的建造双柱或四柱牌坊。《宋史·礼志》载：“高宗幸大教场，次幸白石教场阅兵……“演武场和大教场似无多大的区分，许多典籍上又称之为：演武厅、演武馆、演武亭。也有称之为“演兵场”,如毛泽东的《为女民兵题照》一诗，即是一个例证：“飒爽英姿五尺枪,曙光初照演兵场。中华儿女多奇志，不爱红妆爱武装。”

作为演武场,只是场地可大可小。一些大户人家,往往在后花园辟演武场,供家人练习武艺。京剧《雏凤凌空》，描写烧火丫头杨排风花园习武、演阵,为佘太君所赏识，并向朝廷推荐。杨排风唱道：“秋风飒飒惊夜梦，金鸡三唱天将明。整云鬓，束衣裙，忙离内院到园中。习武演阵须发奋，铁梁磨绣针，功到自然成。”

大教场因必须容纳众多的兵将,故地域阔大。“戈矛成山林，玄甲耀目光。猛将怀暴怒，胆气正纵横”(魏·曹丕《广陵观兵》)。宋人辛弃疾则在《破阵子》一词中，写出“沙场秋点兵”的盛况：“八百里分麾下炙，五十弦翻塞外声。”

古代还常利用野外的地形特点,以打猎的形式,来进行练兵，可说是人工大教场在空间意义上的延伸。宋人苏东坡在《江城子·密州出猎》中写道：“老夫聊发少年狂，左牵黄，右擎苍，锦帽貂裘，千骑卷平冈。为报倾城随太守，亲射虎,看孙郎。”

心如古井

古诗文中有“心如古井”一语，其意为心中寂寥平静，再也泛不起激情的波澜了。

在我的出生地古城湘潭，儿时我曾见识过许多前代遗存的古井，至今印象犹深。这些古井，讲究的，有一凸出地面的石井台，设有栏杆，井台的边缘覆着苔衣；台中央为井，砌有圆形的石井围；台上搭着亭子，井上方安着辘轳，辘轳上缠着粗绳，绳子两端各系一个水桶，利用重力，一上一下地汲水，很省力气。

这些古井，或置于庭院；或立于街边；或建在车马经过的驿道旁，夏天可供人畜饮水之用。驿道旁的古井，往往是旅人休憩之处，饮一瓢甜水，谈笑风生，趣味良多。宋代词人柳永，他的词多写市井生活的悲欢离合，因而流传极广，“凡有井水饮处，即能歌柳词”。

井台边的栏杆，又称井阑，在古代的富豪人家，往往雕花刻卉，彩绘重色，十分华丽。李白在《长相思》中有这样的句子：“络纬秋啼金井阑。”

有一年暮春，我游历成都，特地去了东门外锦江南岸的望江楼公园，相传唐代女诗人薛涛曾在此居住过。在望江楼附近，有“薛涛井”，圆形的石井台，中央为井，青石井围，井围上盖着圆形的石井盖。传闻薛涛曾用井水制造出一种粉红色的诗笺纸，称之为“薛涛笺”，颇受人青睐。晚唐诗人韦庄曾为当时人们索求这种笺纸的盛况，而写了一首《乞彩笺歌》的七古：“……人间无处买烟霞，须知得自神仙手。也知价重连城璧，一纸万金犹不惜。”

湖南长沙最有名的井，名白沙井。井水一度用来酿造名酒，酒名“白沙液”，享誉海内外。另外，还有湖南一师校园中的一口古井，毛泽东青少年时代在此读书时，为锻炼身体，即便是三九隆冬，在跑步后亦站在井边冲浴，留下一段“冻井晨浴”的佳话。

古井也与一些悲剧故事相关，晚清光绪皇帝的知己珍妃，因不得慈禧太后的欢心，曾在皇宫中投井而死。《红楼梦》第三十回中，因宝玉与丫环金钏儿悄悄说了几句调情的话，恰被王夫人听见，便甩了金钏儿一个耳光，斥骂她：“好好的爷们，都叫你教坏了。”便当即将金钏儿撵了出去。金钏儿又羞又愤，投井而死。

红学家俞平伯之曾祖父俞曲园，因闻当时的日本已有机器井，即洋井，十分兴奋，觉得这种井若能在缺水的西北地区推广，则幸莫大焉，为此而作了一首《金缕曲》词：“巧引璇源放。笑中华，插秧时节，桔槔相望。高架木桄施铁凿，深浅何须测量。掘九仞，无泉休怅；一十二枝插尽后，不愁他，埋玉深深葬。来汩汩，涤而荡。竹筒自下能通上，吸清泉，沫珠喷玉，飞流堪况。西北倘能行此法，旱岁农田无恙，收禾稼欢腾穷巷。财赋东南应大减，令寰中统核盈虚帐。飞挽罢，讴歌响。”

上半阙说我国还在使用古老的吸水工具，而日本已经用机器掘井了；下半阙说这种机器井若在西北推行，则能增加国家的经济实力。这是当时一种对于现代化的呼唤，何其迫切！

坎儿井和井渠

2003年10月,我与诗人李松涛、画家周伟钊应新疆友人之邀，在新疆参观了十来天，特地去看了吐鲁番的坎儿井。当我们从巷道下到地底，就看见了清波粼粼的水渠，绵延通向远处。这种被称为坎儿井的暗渠，在吐鲁番和哈密地区，长度超过五千公里，被世人称之为“地下长城”。因坎儿井建造在地底下，使其在干燥炽热的气候条件下不易迅速蒸发，同时又不受沙尘的影响，堪称一种伟大的创造。

坎儿井不仅仅只有暗渠，还有直井和明渠，联合组成一个完整的水利体系。

坎儿井的水源，来自山上积雪融化后渗入砾石层所汇成的伏流，人们利用直井、暗渠和明渠，将伏流引向地面灌溉农田。暗渠系地下的集水道和输水道，有石底和土底两种，也有以毛毡铺底的，长者达十余公里。明渠是连接暗渠露出地面的设施，有时在下游掘出小型蓄水池（又称涝坝）。直井为地面通向暗渠、掏挖暗渠的出土口和通风口。暗渠上游的直井可达百米以上，而下游则只几米或十几米深，每隔十米至二十米设一直井，一条坎儿井常有几十口直井，多者达三百余口。平时井口常用柳枝、杂草覆盖，冬季则严加封闭，目的在于防沙尘防蒸发。坎儿井最妙之处是无需动力设备可把水引到地面，而且结构简单，技术要求不高。凡有坎儿井的地面，大多土地肥沃，花红叶茂，人口稠密。

“坎儿井与汉文史书上所说的‘井渠’相似。‘井渠’最先是汉武帝元朔四年（公元前125年）前后在今陕西大荔一带开凿的，称龙首渠。史学家一般认为，坎儿井是汉代内地的穿井技术传到新疆后，由新疆各族劳动人民根据自然条件发展改进而成的。它主要分布在吐鲁番盆地和哈密盆地，在阜康、奇台、皮山、库车、喀什等地及陕西、甘肃部分地区，也有少量坎儿井或遗迹”（《中国大百科全书》）。

吐鲁番坎儿井，现在已成为一个旅游胜地。在坎儿井附近的地面上，还特意陈设了一组雕塑：牛车、马车、木绞车、锄、镐……还有正在挖井、掘渠的人物，展现了当时修造坎儿井的劳动场面。

虎 橱

在福建德化的一座深山大寺前面，有一个宽阔的石坪。在石坪一侧，立着一个十分奇特的建筑物，叫“明代虎橱”。

当地人告诉我，这是用来捕捉老虎的。

粗粗一看，它的外形像一个长方形的石笼子，左、右、后、上四面，用粗壮的长条石组成，彼此镶接，中留宽隙；下部以石坪为底，不过立着的长条石深深扎进石坪，任你有万斤力气也无法摇动；正面的左右两根长条石上，分别凿出深槽，槽中装有用一块石板做成的闸门，悬在顶上面；进橱口稍后的地方设的一块活动石板，则是一个机关，一旦踩上去，闸门便轰然落下，再凶猛的老虎也无法冲出来。这种虎橱的设计，源于山中猎户抓捕野兽的活动木笼形式，但其牢固、精巧，并成为古寺的一个建筑部分，以及在弘扬佛法方面，则尤为人所称道。

这个虎橱制造于明代万历年间。当时朝政颓败，匪乱连绵，民不聊生。德化地区多山，因官府不能很好地组织猎户制约虎患，致使老虎日渐繁衍，白日都成群结队地伤及人畜。这种情景，与唐诗人张籍在《猛虎行》一诗中所写的十分相似。可见虽时移世易，虎患确实给人类的生存带来过极大的威胁。“南山北山树冥冥，猛虎白日绕村行。向晚一身当道食，山中麋鹿尽无声。年年养子在空谷，雌雄上下不相逐。谷中近窟有山村，长向村家取黄犊。五陵年少不敢射，空来林下看行迹。”

虎患日盛，古寺的香客自然不敢来朝拜，于是寺中和尚找来石匠，设计制造了这个虎橱。他们在虎橱的顶里边，拴上小狗或小羊，然后高悬闸门。到夜里，小动物的叫声引来了老虎。当老虎蹿入橱中，踏动机关，闸门迅速落下，老虎也就陷入囹圄了。

传说中有这样一个故事：有一次捕捉到了一只虎王，吊睛白额，凶猛无比。寺中长老设盛大道场，做了七天七夜的佛事，以念经和慈悲之心感化虎性，然后开橱放虎。放出的老虎，似乎为佛法所慑，拜别而去。此后，它们只潜藏于深山老林，不再到村中路口来逞淫威。

是真是假暂且不论。但它所揭示的却是自然界生态平衡的道理。这个地球不仅是人类的，当然还包括一切生物。既然地球是我们共同的家园，彼此之间就应该和睦相处，互不伤害。

明代虎橱，巍然而立，此中深意，现代人岂可忘却？

石舫与船厅

当代诗人沙白于二十世纪六十年代初，曾写过一首脍炙人口的诗，是对南京太平天国天王府西花园的一座石舫有感而作，题目是《太平天国石舫》：

收起了击浪的橹，
落下了鼓风的帆，
留恋池上的涟漪，
水底宁静的蓝天，
从风雨中驶过来的船，

在这儿搁了浅，
战斗的风信旗哪儿去了，
为什么只有雕栋画椽？
你不觉得这楼台太沉，
笛管丝弦像解不开的船缆？
你不觉得这船舱太小，
绣幕珠帘把长天遮断？
……

诗人的想像是丰富的，并含蓄地说出了太平天国失败的重要原因：天下未定，就沉迷于享乐，正如这石舫虽久经风雨，也终究“搁了浅”，成为历史的惨痛教训。

诗中提到的石舫，是古代园林中的一种建筑样式，仿船形建造，“前后分作三段，前舱较高，中段略低，尾舱建两层楼房，供登高远眺。前端用平桥与岸上相连，模仿登船之跳板”（庄裕光《古建春秋》），一般以石作建筑材料，故名之为石舫。如颐和园中之石舫，建在昆明湖边，很为游人所青睐。古代园林中的石舫，是夏日聚会、宴请的佳处，因临水而多凉意，形如船却不摇晃，也使湖池添一景观，怡人眼目。

苏州的狮子林西北角，在真趣亭边，池中横一石舫，上下两层，结构精致，舫上嵌有对联一副：“柳絮池塘春暖；藕花风露宵凉。”在怡园中也有一座石舫，因舱室内器物皆用白石琢成，故又名“白石精舍”，“扬州八怪”之一的郑板桥题联于其中：“室雅何须大；花香不在多。”河北承德避暑山庄，是清代皇帝夏日避暑和处理政务的地方，背山面湖，风光旖旎，在湖边建有石舫，名云帆月舫，乾隆帝题联曰：“疑乘画棹来天上；欲挂云帆入镜中。”

有的园林无水，却也将休息和饮宴的客厅建为船形，这种建筑物则不称之为舫，而名之曰船厅。“平面作长方形，屋顶为卷棚歇山式，外观与厅堂无异。短边两面设长窗，长边两面装半窗。内部装修分三段为旱船形式”（曹林娣《凝固的诗 · 苏州园林》）。虎丘台地园拥翠山庄的“月驾轩”，此轩南北两头接以小轩，整个形体如同船艇，旧有题额为“不波不艇”，一看便知是陆地的船厅式建筑。

石舫也罢，船厅也罢，总之是无风波之险，假日休闲，何等惬意。

然而，多思的诗人沙白在《太平天国石舫》的结尾，却有弦外之音：“如今新世纪的海面，／正万舸争流，千帆风满。／你却在这儿把游客招呼，／想说些什么，怎又不言，／只好将石子投进心底的深潭，／让人们想得很远、很远……”

山顶千门次第开

唐代著名诗人杜牧，在经过长安华清宫时，驻马停立，想起唐玄宗因杨贵妃爱吃新鲜荔枝，令传送公文的驿站，为她飞马传送，奢侈至极，便写了一首《过华清宫》的名诗："长安回望绣成堆，山顶千门次第开。一骑红尘妃子笑，无人知是荔枝来！"

儿时，心存疑惑，华清宫竟有这样多的门？除了夸张之外，恐怕还是有些依据的吧？

门（門）是一个象形字，从二户，"半门曰户"（《说文》）。门原是指建筑的出口处，《白虎通》中说门是"闭藏自固"的，也就是说门是一种安全设施。关于门的称谓特别多，如殿门、堂门、侧门、腰门、穿堂门、仪门、内塞门、宫中门曰闱；室内小门曰闺，闺门上圆下方如圭形；垂花门是在二门之上修建屋顶样的盖，四角下垂短柱，柱顶雕花饰彩。军中则有旌门、辕门，旌门是指古代帝王出行，帷幕前所树旗帜若门；辕门是立起车辕为门，戏文中常有推出辕门斩首的情节，指的便是这个地方。在皇宫中，金马门是宦宫的门，门前置金马；司马门为宫外之门，掖门是宫内的旁门。

"中国古代建筑给人印象最深的是走过了一门又一门，越是规格高的建筑，其门也越多。因为中国建筑是一个在平面上展开的空间，门就担负起引导和带领人在平面空间进退的作用"（钱正坤《世界建筑史话》）。门不仅是某一空间的"闭藏自固"，以及变换封闭空间的交接点，同时也是建筑中等级概念的反映。我们参观故宫，若从前门（正阳门）入天安门、端门、午门，不知要经过多少个大门才可到达太和殿。门已变成内外、尊卑、高低、大小的象征。以此推断唐代的华清宫，杜牧的"山顶千门次第开"，并非完全是夸张。

门的等级之分，从皇宫到平民百姓之家，在古代十分明显。

贫寒之家的门称衡门、柴门、蓬门。"一木为门而上无屋为衡门"（《诗义问》），《诗经·陈

风·衡门》说:“衡门之下，可以棲迟。”柴门和蓬门，指以散碎木柴、茅草编制的门,“柴门鸟雀噪,归客千里至”(唐·杜甫《羌村三首》);“花径不曾缘客扫,蓬门今始为君开”(杜甫《客至》)。

而权贵和豪家的门，称为侯门、豪门、朱门。“朱门酒肉臭,路有冻死骨”,则是杜甫对当时贫富悬殊的高度概括。古代的衙门，是牙门的讹变，牙门者，乃王之爪牙之意。

《红楼梦》第五十三回,写贾府出祭宗祠,庄肃隆重:“从大门、仪门、大厅、暖阁、内厅、内三门、内仪门并内塞门，直至正堂,一路正门打开。”仪门者,明清官府第二重正门称为移门,讹音为仪门。内塞门者,是塞口墙上的门,塞口墙是厢房和穿堂或仪门之间的填空短墙。

说到门,不能不说到贴门神画的旧俗,在古代其意在于驱鬼,《山海经》又说:“沧海之中,有度朔之山,上有大桃木,其屈蟠三千里,其枝间东北曰鬼门,万鬼所出入也。上有二神人，一曰神荼，一曰郁垒，主阅领万鬼、恶害之鬼，执以苇索而以食虎”(汉·王充《论衡·订鬼》)。可见，最早的门神是神荼、郁垒。到了唐代，秦叔宝、尉迟恭成了门神;《三教搜神大全》卷七说:“唐太宗不豫。寝门外抛砖弄瓦，鬼魅呼号,唐太宗以告群臣。秦叔宝出班奏曰:‘愿同尉迟恭戎装立门外以伺。’太宗准奏，夜果无警。”后来,唐太宗请画师画二人之像悬于宫门左右，鬼魅俱寂。以后，民间亦沿袭此风。门神像在造型上有浓郁的民间装饰画特色,在今天颇为收藏家青睐。

因为门“闭藏自固”，便由“门”引申为关塞要口,如雁门、玉门、虎门、江门等等。门的再引申就是门路、途径，如现今所说的“走后门”之类。

铺首衔环

在中国古建筑中，门是重要的构件之一。而门上往往安装着金属的门环，作拉门和扣门之用。门环又往往配以装饰性的金属底座，这个底座称之为铺首，唐人颜师古说："门之铺首，所以衔环也。"

铺首往往雕铸成兽头之形。《红楼梦》第三回中写林黛玉到贾府投亲，"又行了半日，忽见街北蹲着两个石狮子，三间兽头大门，门前列坐着十来个华冠丽服之人。"

在今天尚存的古宫殿、古寺、府衙、私人园林的大门上，我们仍可见到各种兽头形状的铺首，威严肃穆。同时，古人还认为这种铺首具有避邪镇宅的作用，当属一种民俗文化的范畴。清代《字诂》一书中写道："门户铺首，以铜为兽面衔环著于门上，所以避不祥，亦守御之义。"

铺首到底起于何时呢？

"《后汉书·礼仪志》曰：施门户，代以所尚为饰。商人木德，以螺首慎其闭塞，使如螺也。《百家书》曰：公输般见水蠡，谓之曰：'开汝头，见汝形。'蠡适出头，般以足画之，蠡遂隐闭其户，终不可开。因效之，设于门户，欲使闭藏当如此固也，二说不同。《通俗文》曰：门扇饰，谓之铺首也"（北宋·高承《事物纪原》）。

从这段文字推测，铺首之用应是在商周时期。此中所说的"蠡"，即"螺"，因螺稍有动静即关闭门户，人故取其形而为铺首。

在汉代，铺首的造形则更为丰富多彩。《汉书·哀帝纪》载："孝元庙殿门铜龟蛇铺首鸣"；此外近年出版的《汉代图案选》中，铺首有朱雀、双凤、羊、虎、狮、螭等兽头形状，造型往往威猛有力，露齿衔环，令人胆寒。

铺首多为铜制，也有铁制的。凡铜色泛青的称之为"仓琅"，铺首衔环曰"根"。汉成帝时的一首童谣唱道："木门仓琅根，燕飞来，啄王孙……"班固解释说："'木门仓琅根'，谓宫门铜锾，言将富贵也。"

在元杂剧中，有这样的唱词："门迎着驷马车，户列着八椒图"（王实甫《西厢记》）；"你封为三品官，列着八椒图"（白仁甫《墙头马上》）。"椒图"是何种形状的铺首呢？明人陆容在《菽园杂记》中说："椒图其形似螺蛳，性好闭口，故立于门上……"

铺首在历代的皇家宫殿中，以龙头为其形的亦不少。

它还有一些别名，如：金铺、金兽等等。"挤玉户以撼金铺兮"（汉 · 司马相如《长门赋》）；"锁衔金兽连环冷"（唐 · 薛逢《宫词》）。

上世纪五十年代中期，我读书的湘潭市"平政小学"，原是一座关圣殿，它厚实的木门上的铺首，是威风凛凛的虎头，衔着巨大的铜环，以铜环叩门时，声音极为宏重，每每思及，犹余音在耳。

戟与门戟

唐人杜牧游赤壁而写了《赤壁》一诗，写景抒怀，脍炙人口。“折戟沉沙铁未销，自将磨洗认前朝。东风不与周郎便，铜雀春深锁二乔。”诗中借用的是三国时的一段史实。

“折戟”二字令人思量，诗人为什么选用戟这种兵器，而不是戈、矛、剑、刀呢？这是因为戟是一种自战国时即开始使用的著名兵器，造型独特，杀伤力强，一直延续使用到宋代，才退出兵器之列。在秦汉时，常用“持戟”一词来泛指兵士，“秦，形胜之国也，带河阻山，县隔千里，持戟百万……”（《汉书·高常纪》）。“持戟百万”即指有百万之兵士。另一个方面，在汉代的贵胄门前以戟列架作仪仗之用，显示其官阶和权势，故称之为门戟。杜牧以戟入诗，是有其典型意义的。

《说文》中，解释“戟”为“有枝兵也”，意指一种有旁枝的兵器，长柄，顶端有直刃，两旁有横刃，可以直刺和横击。

戟，大约出现在商代，到西周已大量应用于战争，为青铜所制。战国时，便有了铁戟，戟头呈“卜”字形，称为“卜”字形戟。西汉时“卜”字形戟发生变化，侧出的小枝向上弯曲。东汉以后，横出小枝变为硬折向上，使外形像一把两尖的叉形，增强了前刺的功能。

三国时戟是军中常用的兵器之一，史书《三国志》中，关于戟的记载很多，如：“辽（张辽）被甲持戟”、“帐下壮士有典君，提一双戟八十斤”、“以长戟左右击之”、“（董卓）拔手戟掷（吕）布”……书中有名的段落“吕布射戟”，极富喜剧色彩：袁术派大将纪灵统军三万攻刘备所驻之小沛，刘备求救于吕布，“布于沛西南一里安屯”并请来纪灵等人，说明他是来解救刘备的，令人在营门中举一支戟，“请君观布射戟小支（枝），一发中者诸君当解去（退兵），不中可留决斗。”吕布举弓射戟，正中小支（枝），于是纪灵慑其神威而退兵。

戟，到隋唐时已使用很少，到宋代则彻底退出兵器的行列。

作为仪仗之用的戟，往往带上套子，谓之“棨戟”，在三国时极为盛行。隋代规定三品以上，门皆列戟。唐代的门戟制度有了更具体的细则，《新唐书·百官志》记载，门戟的管理属于卫尉寺武器署，“给六品以上葬囟簿、棨戟。凡戟，庙、社、宫、殿之门二十有四，东宫之门一十八，一品之门十六，二品及京兆、河南、太原尹、大都督、上都护、上州之门十二，下都督、下都护、中州、下州之门各十。衣幡坏者，五岁一易之。薨卒者既葬，追还”。这些门戟的形状，皆戟刃呈双叉形，刃下系有彩幡，幡上饰有虎头图案。门戟制度一直沿袭到宋代，但规定戟刃为木质，纯粹作仪仗之用了。

因“戟”与“给”音近，可以表示“财用丰给”、“家给人足”之意，在民间视其为吉祥之物，富贵人家和普通百姓往往在案头或壁上，插着和挂着一支或几支玩具似的戟，质地有银、铜、铁、玉、木等，以图吉利。

记得与同事马立明出差洛阳，顺便去了嵩山的中岳大庙，庙中小摊上即有铜质和铁质的玩具戟出售，有双月牙的方天戟，也有单月牙的青龙戟，精巧可爱，购者甚多。

明月装饰了你的窗子

老诗人卞之琳的短诗《断章》，历来为人所称道。“你站在桥上看风景，／看风景的人在楼上看你。／明月装饰了你的窗子，／你装饰了别人的梦。”这首诗因读者的层面殊异，而产生了多种解释，我感兴趣的是“窗子”这个意象，明月为饰，里面嵌着多么美的一幅画，在园林建筑上，这可称之为“借景”，是窗子的功能所决定的。

“窗，通孔也”（《说文》）。房屋这种建筑样式，窗子的作用就是通风接光，以及观察屋外情景的。

唐代文学家柳宗元以待罪之身贬到湖南永州时，居无定所，只好寄住在城南潇水东岸的龙兴寺里。寺内“凫鹳戏于中庭，蒹葭生于堂筵”，而寺外一片丛林乱石，人迹罕至。柳宗元全家住在西厢房里，仅有一个北窗，光线阴暗，潮湿闷热。“余所庇之屋甚隐蔽，其户北向，居昧昧也。……于是凿西墉以为户，户之外为轩”（《永州龙兴寺西轩记》）。由于多开了一个窗子，通风采光，去潮湿闷热，而且能凭窗远眺山水林木，改善了生存条件。

即便在房屋的内室，也因采光通风的需要，亦建构窗子。“夜来幽梦忽还乡，小轩窗，正梳妆”（宋·苏东坡《江城子》）；“脱我战时袍，着我旧时装，当窗理云鬓，对镜帖花黄”（汉·无名氏《木兰诗》）。

随着生活水平的提高，人们对于居室窗子的功能，逐渐由实用型走向审美型，讲究窗子的款式，“窗栏之制，日新月异，皆从成法中变出”（清·李渔《闲情偶寄·居室部·窗栏第二》）。除了通风采光之外，“开窗莫妙于借景，而借景之法，予能得其三昧”（同上书）。李渔往往自制窗栏之样式，口授工匠以为之，颇为人所赞叹。他创制过湖舫式窗、扇面窗、山水图窗、尺幅窗、梅窗等等。关于梅窗的制作，他说：“取老干之近直者，顺其本来，不加斧凿，为窗之上下两旁，

是窗之外廓具矣。再取枝柯之一面盘曲、一面稍平者，分作梅树两株，一从上生而倒垂，一从下生而仰接，其稍平之一面则略施斧斤，去其皮节而向外，以便糊纸；其盘曲之一面，则匪特尽全其天，不稍伐斫，并疏枝细梗而留之，既成之后，剪彩作花，分红梅、绿萼二种，缀于疏枝细梗之上，俨然活梅之初着花者，同人见之，无不叫绝。”(同上书)

在中国古典园林中，窗的作用更不可忽视，如院墙、廊墙上所开之漏窗，有“泄景”、“引景”之功效。苏州拙政园中的“海棠春坞”，是一个精巧的庭院，院墙上的漏窗，把大园之景引导进来，使内外之景相映生辉。还有北京颐和园万寿山东麓，有个园中之园，叫谐趣园，它先是在环湖安排建筑物，又以山丘作为外围，丝毫觉察不到近在咫尺的颐和园的高大围墙，而在山丘内麓，又点缀许多花石、青竹，让人们透过廊壁的漏窗，欣赏那一幅幅精美无比的画面。

陈从周在《梓室余墨 · 借景之二》中，写道：“常熟城内之园，因城系依山之城，其西部占虞山之东麓，故城内造园，须考虑对自然景色之运用，所谓借景也。赵园、虚雨园以园内水面较广，补以平冈小阜，其后虞山若屏，俯仰即得。其周围筑廊，间以漏窗，园外景物，便觉空灵。”诚哉斯言。

杜甫在他的《绝句》中说：“两个黄鹂鸣翠柳，一行白鹭上青天。窗含西岭千秋雪，门泊东吴万里船。”他的窗口嵌着一幅幅隽美的图画。在日新月异的今天，让我们生活的窗口，也绚丽多姿吧。

说墙道壁

我国从原始社会行进到奴隶社会，尔后又经历封建社会数千年的漫长岁月，“上古穴居而野处，后世圣人易之以宫室，上栋下宇，以侍风雨，盖取诸大壮”(《易经·系辞》)。由洞穴和巢居的建筑形式过渡到宫室的建筑形式，并因历代工匠的创造性劳动，焕发出异样的光彩，有了城、宫、殿、堂、楼、阁、馆、榭、院……在这种种款式中，墙无论在具象意义还是抽象意义上，都具有深刻的文化内涵。

“墙”字从“土”，可以看出最早的墙是土筑的。“墙”与“垣”同义，《说文》曰：“垣，墙也。”“壁，垣也。”“墉，城垣也。”“堵，垣也。”作“墙始也”的“基”，也从“土”。而颓圮的墙，称之为垝，“垝，毁垣也”。军营中的墙，称之为垒，“垒，军壁也。”作为城上之矮墙(女墙)，称之为堞，“堞，城上女垣也。”

清代李渔说：“然国之宜固者城池，城池固而国始固；家之宜坚者墙壁，墙壁坚而家始坚。”(清·李

渔《闲情偶寄 · 居室部 · 墙壁第三》)

墙由土筑，逐渐为砖、石所替代，但内室的木板壁及乡间的竹篱墙，依旧并存。

长城，在外国人的眼中，是"长长的砖石墙"，用以抵御外敌的侵犯，被誉之为万里长城，成为世界文化的瑰宝。而古代的城，皆以墙围之，用以盛民和自固。这种外墙的形式，更是应用于住家，上至皇宫，下至稍稍宽绰的家室，皆有与外界隔离的围墙，以封闭一个以自我为中心的空间，是一种小国经济在建筑学上的反映。在皇宫，禁墙重重，不知其深也，"故国三千里，深宫二十年"（唐 · 张祜《何满子》）。在民间的富庶人家，围墙里有居室亦有花园，使人可望而不可及，"墙里秋千墙外道。墙外行人，墙里佳人笑。笑渐不闻声渐悄，多情总被无情恼"(宋 · 苏东坡《蝶恋花》)。"汉族居民的典型形式是四合院。据史学界考察，我国最早的四合院诞生在西周时代，"……因其外封内敞的空间正符合中国传统的宗法观念"（庄裕光《古建春秋》）。

新时期文学中，陆文夫的《围墙》曾引起广泛关注，在建筑群的外面建围墙，中式耶？西式耶？竟然争论不休。这反映了一种绵延至今的心态："插草为标"，圈定地盘，以示属性。即使乡间野外的茅舍田家，虽无能力筑起围墙，也会以柴枝、竹杈编织为篱，以确定"家"的范畴，"篱落疏疏一径深，树头花落未成阴"（宋 · 杨万里《宿新市徐公店》）；"鸡飞过篱犬吠窦，知有行商来买茶"（宋 · 范成大《四时田园杂兴六首》）。

在街市，无法筑围墙者，亦会重视"界墙"（即两家所共的邻墙）的所有权。"界墙者，人我公私之畛藏，家之外廓是也"（清 · 李渔《闲情偶寄 · 居室部 · 墙壁第三》）。

在家室内部，墙的形式亦有多种：如影壁，又称照墙，于院门内或居室外用作屏障或装饰。《红楼梦》中王熙凤居室前有一粉油大影壁，十分考究；庭院中的花墙，是以观赏花卉或攀援植物为主进行垂直绿化的墙面；内子墙，即一座府第中两邻院落之间夹道两侧的墙；女墙，原指城墙上的短墙，在家室中指超出屋顶面的短墙……

在中国的古典园林中，有乱石墙、磨砖墙、白粉墙多种形式。"苏州今日所见，以白粉墙为最多，外墙上有开镜瓦窗(漏窗开在墙顶部)的，内墙间开漏窗及砖框的，所谓粉墙花影，为人乐道"（陈从周《苏州园林概述》）。

墙壁之意味，实在令人品嚼不已！

高屋建瓴

“高屋建瓴”一语，出自《史记·高祖本纪》。

汉初，高祖刘邦平定了函谷以西的关中一带，即今陕西中部平原地区。这里曾是春秋战国时秦国的本土，也是战国末年并吞六国建立秦朝的秦始皇的老根据地。刘邦推翻秦朝，完全占领汉中，当然是重大的胜利，大夫田肯向高祖致贺时，说了这样一段话：“(秦中)地势便利，其以下兵于诸侯，譬犹居高屋之上建瓴水也。”意思是关中地势险固而处要冲之便利，可攻可守，从这里出兵去对付任何诸侯国，好比处高屋之上而倾倒瓮中之水，其势不可挡。

“瓴，瓮，似瓶也”(《说文》)，“建”则与“澧”相通，倾倒的意思。

以后“高屋建瓴”用以形容站得高，看得远，具有全面洞察的伟大气魄。刘伯承在《千里跃进大别山》文章中说：“毛主席洞察全局，高屋建瓴，在指导革命战争中所表现的那种非凡英明和伟大气魄，是史无前例的。”

“瓴”的另一种解释，是指房屋上仰盖的瓦，也称瓦沟。

“瓴，牝瓦仰盖者也，仰瓦受覆瓦之流，所谓瓦沟也”(《六书故·工事四》)。这里可以看出中国古建筑瓦屋顶的结构形式，即仰瓦和覆瓦的互相结合，于是自下而上的仰瓦组成一条瓦沟，承接覆瓦排入的水流，再导入檐下的木枧。牝者，雌也，阴也，故仰而朝上；而覆瓦，则是牡也，阳也，故覆而朝下。这种表述，犹如男女之形体动作，甚为生动。

而“瓦”字，除作为土烧制而成的器物的总称外，又是一个象形字，如同屋瓦牝牡衔接之状。

承负瓦的脊檩（亦称屋脊），称之为甍。古人解释说，甍是用来承瓦的，故从“瓦”。

“高屋建瓴”也就有了另外一种解释：高屋瓦沟里的水倾泻而下，其势汹汹，不可阻挡。

古代典籍中，还有一个词曰瓴甋，“瓴甋谓之甓”（《尔雅 · 释宫》）；“瓴甋岁久而苔苍”（宋 · 周邦彦《汴都赋》）。瓴甋，即瓴甓，也就是砖，最初用砖铺路。《诗经 · 陈风 · 防有鹊巢》曰：“中唐有甓。”所指为堂下路上所铺之砖。

古人常将一些建筑形态设喻作譬，甚至一些建筑构件的制造过程，也被引申出新鲜的意思，如“瓦解”。古代制瓦时先将陶瓦制成圆筒形，分解为四，即成瓦，用以比喻事物的分裂、分离，“故其逐利如鸟之集，其困败瓦解云散矣”（《汉书 · 匈奴传上》）。“瓦解”又有崩溃之意，“粤以戊辰之年，建亥之月，大盗移国，金陵瓦解”（南朝 · 庾信《哀江南赋序》）。

秦砖汉瓦

我国在战国末期，砖瓦的制作技术已相当成熟，而秦国更是独领风骚。到了汉代，技艺进一步提高，大批的砖瓦投放到各种建筑中，蔚为大观。所谓“秦砖汉瓦”，并非是指秦朝的砖汉代的瓦，而是指秦汉的砖瓦，其修辞手法一如唐诗中的“秦时明月汉时关”。

秦汉时期的建筑物，留在地面上的已不多，而大量的地下建筑，如墓穴，却保留不少的砖瓦实证：一些战国晚期的墓穴中，发现过带颜色的瓦，以及砌墓墙与墓底的大块空心砖。在秦咸阳一号宫殿遗址，也挖掘出大块空心砖，以及用于装修的压花砖。

到了汉代，空心砖的外形尺寸比秦朝时更大，装修用砖的品种与艺术水平也有较大的改进，制作精细，表面刻花优美。特别是名为“画像砖”的，艺术价值极高。

梁思成在《中国建筑史》中对汉代砖瓦予以评价：“汉瓦有筒瓦、板瓦两种，石阙及明器所示多二者并用，如后世所常见，汉瓦无釉，而有涂石灰地以着色之法。瓦当圆形者多，间亦有半圆者。瓦当纹饰有文字、动物、植物三种。”“砖之种类有：普通砖，通常砌墙之用；发券砖，上大而下小；地砖大抵均方形；空心砖则制成柱梁等各种形状，并长方条、长方块、三角块等等，其用途殆砌作墓室者也。”

汉代的画像砖对后世的绘画、雕刻、雕塑影响极大。画像砖是绘刻结合、绘雕结合的艺术品，其分布“几乎遍及全国各地。其主要分布地区是陕西、河南、四川……河南画像砖，以洛阳为代表的粗犷、豪爽风格和以新野为代表的精美、劲健风格，给人的艺术感受最为强烈”（顾森《看砖石说汉画》）。画像砖所反映的内容相当丰富，神话传说、历史故事、生产活动、仕宦家居、社风民俗……折射出先秦和汉代的社会生活意旨。河南新野出土的汉代画像砖《借贷》，四川德阳出土的《屋门》，四川成都出土的《车马过桥》等等，造型生动，雕刻精美，具有一种“深沉雄大”（鲁迅）的气象。

我们走进故宫太和殿、中和殿、保和殿，铺地的砖多是明代烧制的，谓之“金砖”。这种专为皇宫烧制的细料方砖，颗粒细腻，质地密实，敲起来作金石之声。这种“金砖”是由当时的苏州等府烧制的，当时主持制砖的工部郎中张向之写了《造砖图说》：“入窑后要以糠草熏一月，片柴烧一月，棵柴烧一月，松枝柴烧四十天；凡百三十日而窨水出窑。”砖运到北京，到铺墁时，工艺要求极为严格，首先进行砍磨砖加工，以使墁后表面严丝合缝，即“磨砖对缝”；然后抄平、铺泥、弹线、试铺；最后按试铺要求对好、刮平，浸以生桐油，才算大功告成。清代宫书《工程做法》规定，砍磨二尺金砖，每一工只能砍三块；而墁地时每瓦工一人、壮工二人，每天只能墁五块。其它运输等杂工皆不计在内。这种金砖的制作和铺墁，其代价真不逊于金子，饱蘸了劳动人民的血汗和智慧！

横梁直柱

梁思成在《中国建筑史》中说："中国始终保持木材为主要建筑材料，故其形式为木造结构之直接表现。"又说："以立柱四根，上施梁枋，牵制成为一'间'（前后横木为枋，左右为梁）。梁可数层重叠称'梁架'。"

柱是"主要承受轴向压力的长条构件。一般为竖立的，用以支承梁、桁架、楼板等"（《辞海》）。在古建筑中，柱坚挺有力，负重不折，拔地而起，有擎天之势，故俗语中有"擎天柱"一词。在山西万荣东岳庙有一座飞云楼，从底层经二层和三层，有四根通天井口大柱直达楼顶，每根高达十五点四五米。这样粗长的木柱是很难找到的，古代的工匠便用短木拼接而成，在各段短木的拼接处用螳螂头榫和勾头搭掌扣榫连接，严丝合缝，异常坚固。

在古建筑中，厅堂前部的柱子，谓之楹，贴或刻在楹上的对联，称之为楹联。故宫楹联为："龙游凤舞中天瑞；风和日朗大地春。"立在建筑物拐角处的柱子，名为角柱。梁上的短柱，称之为棁（音"浊"）。杜牧在《阿房宫赋》中形容阿房宫建构复杂，因而"使负栋之柱，多于南亩之农夫；架梁之椽，多于机上之工女"。

梁，是水平方向的长条形承重构件，在木结构屋架中专指顺着前后方向架在柱子上的长木。房屋的正梁，称之为栋。在文字中，常栋梁并用，如栋梁之材，“栝柏豫章虽小，已有栋梁气矣，终当任人家国事”（《南史 · 王俭传》）；“天路牵骐骥，云台引栋梁”（唐 · 杜甫《承沈八丈东美除膳部员外郎》）。房屋的次梁，即二梁，谓之桴，“双枚既修，重桴乃饰”（《文选 · 何晏〈景福殿赋〉》）。李善注：“重桴，重栋也。”

栋梁在古建筑中，为显示其气势和格调，往往进行精心的雕画，使其富丽堂皇，故有“雕梁画栋”之语。“画栋朝飞南浦云，珠帘暮卷西山雨”（唐 · 王勃《滕王阁序》）。

在旧时代，升梁上架，往往要杀鸡滴血祭梁，以求吉祥。祭梁的人往往是资深的老木匠，而且要演唱祭梁歌。在我的出生地湘潭，至今还流传着许多这样的歌谣，体现了一种民俗精神，试录一首于下：

此鸡乃是非凡之鸡，本是昆仑山上报晓鸡，
昨日昆仑山上叫，今日弟子手上提。
一滴血来祭梁头，荣华富贵无尽头；
二滴血来祭梁腰，五谷丰登步步高；
三滴血来祭梁尾，发财就从今年起。
梁起一步，一举成名；
梁升二步，二龙戏珠；
梁升三步，桃园三结义；
梁升四步，四季发财；
梁升五步，五子登科；
梁升六步，六合同春……
左边安起龙摆尾，右边安起虎翻身。
龙摆尾，虎翻身，恭喜主家，万代兴隆！

眼下的农村，建房上梁时，这一仪式仍然风行，表述着人们对幸福生活的一种憧憬。

钩心斗角

唐代著名诗人杜牧写过一篇脍炙人口的名文《阿房宫赋》，骈散结合，夹叙夹议，堪称典范。文中对阿房宫雄伟的构制，作了极为生动形象的描绘，使人如入其境。“五步一楼，十步一阁，廊腰缦回，檐牙高啄，各抱地势，钩心斗角。盘盘焉，囷囷焉，蜂房水涡，矗立知其几千万落……”

在《成语词典 · 钩心斗角》中说：“吴楚材、吴调候注：‘或楼或阁，各因地势而环抱其间。屋心聚处如钩，屋角相凑若斗。’”由此而引申为各用心机，明争暗斗。言文对照的由岳麓书社出版的《古文观止》中，是这样用白话译出的：“五步一座楼台，十步一处亭阁。长廊像一条缯做的腰带，回环往复；檐头像仰天啄食的鸟嘴，翘然上指。各处建筑都随着地形的起伏而自然变化，四方向核心辐凑，又互相争雄斗势。周转回旋啊，错综纷纭啊，如同密密的蜂房，又像激流中的水涡，高高耸立，也不知有几千万座院落！”

“心”被解释为宫室中心，而“钩”与“斗”则为动词。

杜牧写《阿房宫赋》时，阿房宫早已灰飞烟灭，了无踪迹了，他写的其实是唐代的宫室建筑，但建筑的形制可以追溯到秦汉。

钱正坤在《世界建筑史话》一书中说：“大屋顶是中国建筑最明显的特征，无论是住宅，还是宫殿、庙宇、寺观，无论是悬山、歇山、硬山或庑殿、卷棚，无论是用单檐、重檐、丁字脊、十字脊，还是钩连搭等等，万变不离其宗。”

庄裕光在《古建春秋》中说：“斗拱是中国古典建筑的特有构件，早在西周时期的‘令毁’(古代炊具)上，已有栌斗的雏形。秦汉时，斗拱作为承托屋檐重量的结构作用已基本定型，但以‘一斗三升’和‘人字形’拱居多，尚无华拱出现。隋唐时，斗拱结构功能加强，纵横两个方向都可出挑。……唐宋斗拱逐层出挑不减构件，史书上称为‘计心造’。”

梁思成在《中国建筑史》中说："栌斗中心及每跳(即庄裕光所称之‘挑’)跳头或施横拱，谓之计心，或不施横拱，谓之偷心。横拱用一层者为单拱，双层者为重拱。"

于是，我对"钩心斗角"一语，则有另外的解释了。

从杜牧的这一段文字看，他是先说阿房宫的整体印象"五步一楼，十步一阁"；再由大及小，写到此中的建筑小单元"廊腰"和"檐牙"；接着，注目于更小的建筑构件"心"与"角"。"心"者指"计心造"的"逐层出挑不减构件"的斗拱，层层斗拱如钩如织，环绕着栌斗心，况且"计"者，有"算计"之意；"斗角’则依旧说"屋角相凑若斗"，以此引申出的成语，似更合理。又因斗拱与屋角处在不同的位置上，故有"各抱地势"之说。尔后，杜牧再由局部写到整体："盘盘焉，囷囷焉，蜂房水涡，矗不知其几千万落。"由大及小，复由小及大，很见他行文的奇妙。

碧纱橱

宋代女词人李清照在《醉花荫·九日》中写到:“薄雾浓云愁永昼，瑞脑消金兽。佳节又重阳，玉枕纱橱，半夜凉初透。”整个白天都云雾低垂，兽形铜香炉里燃着名叫瑞脑的香料，又逢佳节重阳，半夜里凉意袭入纱橱浸上磁枕。有些注者在解释“纱橱”时，说是“在长木架上罩着纱罗，睡在里面可以避开蚊子和苍蝇”(《唐宋词一百首》)，似觉有误。

纱橱者,即碧纱橱,是古代建筑内檐装修中的一种，也称作隔扇门、格门,用以隔断开间，按开间大小进深而用六扇至十几扇不等,中间两扇可以开、关。也常安帘架，用以挂帘子。格扇边框比外檐格扇要细巧得多，上有各种花纹。格门上方是上槛，槛上装有横披窗，格心多做成灯笼框式样，上糊以纸，纸上画花卉或题诗词；富贵之家常在格心上糊各种绢纱，故名碧纱橱，或纱橱。碧纱橱内为小间，可放置床及其他家具。在清代的建筑中，碧纱橱是常用的一种款式。

在《红楼梦》第十七回中，写到宝玉所住之怡红院中，碧纱橱设置得极为巧妙，既有间隔的作用，又充满着审美的情趣。“只见这几间房内收拾的与别处不同，竟分不出间隔来的。原来四面皆是雕空玲珑木板……皆是名手雕镂，五彩销金嵌宝的。一槅一槅……其槅各式各样，或天圆地方，或葵花蕉叶，或连环半璧。真是花团锦绣，剔透玲珑。倏尔五彩纱糊就，竟系小窗；倏尔彩绫轻覆，竟系幽户。”使贾政一行，未进两层，都迷了旧路。“又转了两层纱橱锦槅，果得一门出去。”

该书第二十六回，写贾芸到怡红院去看望宝玉，进了内室，但闻宝玉之声却不见其人，“又进了一道碧纱橱，只见小小一张填漆床，悬着大红销金撒花帐子。”宝玉正倚在床上看书。

《红楼梦》中，曹雪芹描写了各种建筑物、建筑构件的特征，读来如入其境，可见他知识的渊博，因而该书堪称一部百科全书，既体现了他作为文学家的素质，又体现了他儒雅学者的风范，令人钦佩。

映阶碧草自春色

唐诗人杜甫在观瞻四川成都诸葛亮丞相祠堂时，写下《蜀相》一词："丞相祠堂何处寻？锦官城外柏森森。映阶碧草自春色，隔叶黄鹂空好音。三顾频烦天下计，两朝开济老臣心。出师未捷身先死，长使英雄泪满襟。"诗中说到的"阶"，即台阶。

台阶，在中国古建筑中，是一个十分重要的构件，它是台基边的梯状物，引人"乘以升屋"。《书·大禹谟》说："舞干羽于两阶。"这里的"阶"引申为梯子。《礼记·丧大记》曰："复有林麓则虞人设阶。"郑玄注："复，招魂复魄也；阶，所乘以升屋也。"在古籍中，常出现"阶级"一词，其意为台阶："升阶级，坐堂筵，耳弦匏，口梁肉，载车马，拥徒隶者，皆是也"（唐·陆龟蒙《野庙碑》）。因台阶是级级向上的，故阶级旧指官位俸给的等级："臣闻有国有家者，必明嫡庶之端，异尊卑之礼，使高下有差，阶级逾邈"（《三国志·吴志·顾谭传》）。至于我们现在所说的政治术语"阶级"，则又是另外一种所指了。

台阶和梯子合称为阶梯，"九层郁律以阶梯"（何逊《七召》）。引申为前进或向上的凭借和途径："法吏多少年，磨淬出角圭，将举汝愆尤，以为已阶梯"（韩愈《南内朝贺归呈官》）。

梁思成在《中国建筑史》中说："中国建筑特征之一为阶级之重要；与崇峻屋瓦互为呼应。周秦西汉时尤甚。高台之风与游猎骑射并盛，其后日渐衰弛，至近世台基阶陛渐渐趋扁平，仅存文弱之衬托，非若当年之台榭，居高临下，作雄视山河之势。但宋、辽以后之'台随檐出'及'须弥座'等仍为建筑外形显著之大轮廓。"

台基之形成，一方面是与中国特有的大屋顶互为呼应，并有防潮湿的功能，但更为重要的是在高台上建构的宫、殿、堂、庙、楼、榭……体现一种庄严、威肃和富有，当人踏着一级级台阶去叩谒时，不由自主地产生一种敬畏感和自卑感，并自我认识到等级的森严。战国时楚王所造之章华台，在此召见他国使者，因台高阶多，使者要三休方达。虽然后来台基阶陛渐渐趋于扁平，但仍有一定的高度。如明清时代留下的北京太庙正殿，周围有三重汉白玉台基；大成殿有高两米的须弥座台基；天坛的祈年殿基高于垣外地坪十米以上。当我们经金水桥到太和门，站在汉白玉的石阶上，代表封建王朝最高权威的太和殿便屹立在眼前，再登上三层汉白玉石栏，进入太和殿，而皇帝的宝座还是摆放在一个高于平面的台基上；当年的臣子们一步一步进入此殿，依旧面对的是高高在上的天子，任何时候都是要自惭形秽的。

“天下名山僧占多”，在古代，佛教和道教的寺、庙、观、宫，多占踞名山，高接云天。朝拜者怀着对神佛的敬仰，必沿上山的阶梯登攀，然后到达这些宏伟的建筑物前，再登台阶升堂入室，使人顿感作为“俗众”中的一员，何其渺小和卑屑，而神佛的高大形象则高不可攀。

当年，作为“陇西布衣，流落楚汉”的李白，希望得到任荆州长史“韩荆州”韩朝宗的提携，曾写过一篇后来收入《古文观止》的名文《与韩荆州书》，其中写道：“今天下以君侯为文章之司命，人物之权衡，一经品题，便作佳士；而君侯何惜阶前盈尺之地，不与白扬眉吐气，激昂青云耶！”但命运确实捉弄了李白，那权贵的“阶前盈尺之地”到底容不得这个耿傲的人物，终致抱憾而逝。

别有意味的栏杆

在中国古代建筑中，用栏杆作为空间围护之物，它常与楼、台、亭、阁、廊、桥、堤结合在一起，成为一种别有意味的艺术形式。栏杆原本的功能是给人以安全感，但因它特殊的款式，往往在衬托其主要建筑物时，产生一种美感，并因不同身份的人的凭倚，使它涂上一层浓郁的缘情色彩。

栏杆，其制作的材质，有木、石、铁等等，其形式有直栏、曲栏等等。栏杆，又写作阑干。古本中的栏楯，亦是指栏杆，“又杂植兰桂竹木于庭，旧时栏楯，亦遂增胜”（宋·归有光《项脊轩志》）。栏杆，又称之为槛，“槛菊愁烟兰泣露”（宋·晏殊《蝶恋花》），这里指的是花园里的栏杆。高楼上的栏杆称为危栏，“休去倚危栏，斜阳正在，烟柳断肠处”（宋·辛弃疾《摸鱼儿》）。以石头砌的栏杆，名曰玉栏；以红油漆涂过的栏杆叫做红栏、朱栏。

“将许多自然对象人化，染上伦理色彩，然后加以形式化，在建筑上作为装饰处理，是中国传统建筑中惯用的手法。……但是，在中国古代建筑中也有许多出自非伦理的象征语言。所谓非伦理象征，是指缘情或畅神的意象”（沈福煦《人与建

筑》)。而栏杆，就是此中的一种。栏杆本身并无什么象征意义，但在使用功能上却具有感情色彩，“它在现实生活中引发的感情是真正的缘情的审美基础，作为象征，是把这种精神功能升华为审美，因此栏杆这个物质的对象才会产生象征作用”(同上书)。

栏杆，有时是一种朋友亲人离别后孤苦心境的象征，“砌下梨花一堆雪，明年谁此凭栏杆”(唐·杜牧《初冬夜饮》)；“明月自来还自去，更无人倚玉栏杆”(唐·崔橹《华清宫》)；“槛菊愁烟兰泣露。罗幕轻寒，燕子双飞去。明月不谙离恨苦，斜光到晓穿朱户”(宋·晏殊《蝶恋花》)。栏杆，有时又是志士仁人报效祖国激昂情绪的渲泄物，“怒发冲冠，凭栏处，潇潇雨歇”(宋·岳飞《满江红》)；“落日楼头，断鸿声里，江南游子，把吴钩看了，栏杆拍遍”(宋·辛弃疾《水龙吟·登建康赏心亭》)。栏杆，对于那些终日无所事事的闺阁女性，成为一种闲适无聊的伙伴：“斗鸭栏杆独倚，碧玉搔头斜坠。终日望君君不至，举头闻鹊喜”(南唐·冯延巳《谒金门》)。对于南唐李煜，栏杆却充满了凄凉况味，他由一个奢侈而多才的君王，“一旦归为臣虏，沈腰潘鬓消磨”(《破阵子》)，大好江山沦入他人之手，做“臣虏”的日子何其惨痛：“独自莫凭栏，无限江山。别时容易见时难。流水落花春去也，天上人间”(《浪淘沙》)；“雕栏玉砌应犹在，只是朱颜改。问君能有几多愁？恰似一江春水向东流”(《虞美人》)。

说到“栏杆”，古代的工匠对于栏杆上的雕饰艺术是十分注重的，充分地显示了他们的智慧和才华。木雕的栏杆，因材质问题，存在者极少，但石雕的栏杆，虽跨逾千年，犹闪烁着瑰丽的光彩，如建于隋开皇末年至大业初年之间的赵州桥，桥上四十二块栏板上的蛟龙浮雕，和四十四根望柱顶的狮首石像、竹节、花饰，雕刻得异常精美，成为中外赞誉的重要文物。

门　槛

在现代的建筑中，我们已经看不到门槛的痕迹了。但当我们走进北京的故宫，走进杭州、苏州的园林，那些宫、殿、楼、堂、馆、室、轩……凡有门的地方，必有门槛。而在乡间村镇的老式民居中，门槛亦随处可见。门槛者，指“门下的横木”(《辞海》)。门槛，又俗称门坎；在古代的典籍中，则称之为门限。《尔雅·释宫》中有“柣谓之阈”的话，注释者说：“阈为门限，谓门下横木为内外之限也”。《后汉书·藏官传》：“越人候伺者闻车声不绝而门限断。”

门槛的作用是内外的界限，同时，它可以保护门的底部，以及阻挡从门底下吹入的风。但更重要的是门槛还体现一种主人的尊严和身份；在民间，则称门槛是主人的脖子或脊背，是忌讳用脚去踩踏的。

《礼记》中说：“大夫士出入君门，由闑右，不践阈。”意思是做臣子的进入君主的门户时，应该从门中央所竖的一根短木旁侧身而过，不要用脚踩在门槛(阈)上。到了汉晋时代，门神崇拜风行，祭门之举从庙堂祀典演变成社会风俗，“今州里风俗，望日祭门”(南朝·梁宗懔《荆楚岁时记》)。对于门槛的制作也极为讲究，以距地高、包装美为贵，尤其是那些豪门大宅，互相攀比，不肯低眉于人。在流传至今的俗话中，常说某家门槛高，其意为这个家庭各方面条件好、体面。

唐宋以后，门槛的高度随着建筑风格的变化和人们审美观念的移变逐渐降低，过高的门槛毕竟带来行走的不便。《明兴杂记》载，明太祖朱元璋为方便士人出入，特地降旨，把南京国子监号舍里的门槛全部拆掉。在末代皇帝溥仪所著的《我的前半生》一书中，回忆他为了在皇宫中骑自行车可以畅通无阻，下令将门槛一一锯去。

但在民间的禁忌文化中，忌踏别人家的门槛依旧根深蒂固，特别是逢年过节的时候。记得儿时过春节，去亲戚家拜年，父母必嘱咐要跨门槛而过，千万别踩在上面。

而在旧时代，一些被社会指斥为有“罪孽”的人，往往自动地到庙里捐一条门槛，让千人踏万人踩，以赎清“罪孽”。鲁迅先生的小说《祝福》中，描述了饱受人间凄苦的祥林嫂，只因嫁过两个丈夫，便被认为是不祥不洁之人，受到种种歧视，她受到启发，去庙里捐了一条门槛，让人们去践踏，以获得来世的幸福。鲁迅先生对于祥林嫂寄予了深切的同情，愤怒地控诉了那个吃人的社会的罪恶！

在《红楼梦》第三十六回，王熙凤因克扣丫鬟月例(工钱)，被人告状到王夫人那里。凤姐便斥骂下人，以泄心中之恨，在骂人之前她“把袖子挽了几挽，跐着那角门的门槛子”。跐，即踩，踩着门槛，表现出她的专横和肆无忌惮，是曹雪芹选取的一个极富表现力的细节。

天 井

有一年暮春，入川去乐山赴会，东道主邀约去该地的古镇沙湾，造访了郭沫若旧居。

郭沫若旧居约建于清嘉庆年间，占地二千多平方米，建筑面积达千余平方米，正门临街，高悬“贞寿之门”的门额。入门，走完过厅，眼前一亮，即面对第一个天井，堂屋左侧厢房，便是郭沫若诞生之处。再往前，走完过道，又出现第二个天井，右边的厢房，是郭沫若外出求学，度假回家时的寝室兼书房……。房屋一进接一进，迷宫一般，但每一进必有一个天井，让人于沉闷中舒一口气，仿佛是国画构图中的布白。

在中国古老的建筑中，天井是一个重要的组成部分。晚清重臣王文韶建在杭州清吟巷前后的大学士府，“府内原有‘退圃园’、‘红蝠山房’、‘藏书阁’等大小厅堂楼阁、花园天井数十个”（仲向平《西湖名人故居》）。

天井的原意，是指“古代军事上称四周高峻中间低洼的地形”（《辞海》），“凡地有绝涧、天井、天牢、天罗、天陷、天隙，必亟去之，勿近也”（《孙子·行军》）。以后，天井的概念引入建筑中，指四围或三面房屋和围墙中间的空地。其形如井而露天，故以为名”（《辞海》）。

天井的作用，在密集的建筑群体中，有采光、通风之功效。同时，在雨季作排水之用，雨水顺屋脊流入檐边的木枧，木枧与天井四角的竹制溜筒相连，导入天井的下水道；也有不设木枧与溜筒的，雨水顺屋脊直接流入天井，再排入下水道。我儿时所居湘潭古巷中的民宅，皆有天井，下雨天，到处水声哗哗，如在波涛之中。

我曾去谒访过湘西凤凰的沈从文故居，此中的天井较大，方形，比四周房屋阶基低尺许，青石嵌边，四角又略低于井面，以便排水，天井中央置一大花缸，内植老干虬枝。沈先生在文章中，多处写到这个天井，无论晴天或雨天，带给他的种种乐趣。

天井在古时，又指天花板，亦称“承尘”、“藻井”。“宝题斜翡翠，天井倒芙蓉”（唐·温庭筠《长安寺》）。天花板的作用，一是隔尘，其二也是一种美的装饰。梁思成在《中国建筑史》中说：藻井“平棋式至明、清而成比例颇大之方井格，其花纹多彩画团花龙凤为多，称天花板。”山东曲阜孔庙的大成殿，始建于天禧元年（1017年），明重建，清雍正三年（1725年）再建，它的外形规制与紫禁城保和殿相近；殿内为楠木列柱，天花错金装龙，彩画五色间金，中央藻井蟠龙含珠，如太和殿形制。

天井，又是星宿名，即井宿。“降帝子之重，镇天井之星”（北周·庾信《周大将井司马裔碑》）。

老屋听雨

在古城湘潭，幽静的当铺巷的中段，名之为“九号”的，便是我们家住过数十年的老屋。墙根下嵌的石碑上，写着这栋老屋建于清代咸丰年间，虽在岁月流变中，进行过大大小小的修整，但大的格局却没有改动。当铺巷中的所有老屋，大都建于清末民国初。可惜在二十世纪末，大搞房地产开发，旧城区一块一块消逝。当铺巷自然在拆除之列。年过七旬的母亲住进了一栋高楼中的一个大单元，她对老屋的怀念竟然与日俱增，我亦然。我怀念在老屋听雨的那一种古典的韵致。

在黄梅雨季，每当我回到母亲身边，白天或者夜晚，听雨的感觉使我的心中充盈着一种诗意。街市的喧闹穿不透重重风火墙，从雨的声音里似乎可以看到雨点的大小、颜色，以及它击打的位置。老屋似乎是一个巨大的音箱，共鸣出一片美妙的声响。

老屋属于砖木结构的民居样式，里面有小院、前厅堂、后厅堂、厢房、杂屋、厨房、天井；楼上有房间、晒楼、阁楼。两扇大门一合，自成一个天地。

特别是子夜过后，周围静成一条水下的沟壑，一切辛勤劳作的声响止息了。这时候下雨了，我的耳朵变得非常灵敏。雨点先是小而稀，落在薄薄的小青瓦上，叮叮当当，像珠玑乱跳。击在采光而设的玻璃镜瓦上，声音尖脆，有如琴声中的高音阶。射到木晒楼上的雨点，因晾晒衣服的脚步磨亮了楼面，声音细腻而光洁。但前厅堂雕花檐板上的雨声，恰好相反，浑重而古朴。打在天井麻石板上的雨声，沉着而充满一种力度。雨点越来越大，越来越密，我听见潺潺湲湲的流水声了，那声音来自高高低低屋檐边的木枧中，木枧节节相连，一直把水导到天井边；称之为溜筒的打通的大楠竹竖着与枧相接，下端搁在天井边角的漏眼上，水便顺畅地流入地下的阴沟。由于水急，溜筒发出咚咚咚的声响，有如金鼓轰鸣。老屋的地下水道纵横交错，可以清晰地听到水流涌动的韵律，恍如坐在一艘船上，水流无限，梦压潮头。

我常为古代劳动人民所发明的这些导水构件而惊叹。

小时候，我多次在夏天看过木匠修理水枧，一节一节都架在天井里。水枧由木板钉成，呈“凹”字形，以桐油石灰塞满缝隙，然后整体用桐油涂刷。节节相连，严丝合缝，它们横搁在屋檐下，如长龙起伏。

还有一种以大楠竹打通，也用于导水的构件，则名之为笕。

江南多雨水，那些古老的民居，都喜欢用枧或笕来疏导水流。我常固执地认为，这些枧或笕是用来听雨的。“黄黄的梅子熟在密密的雨中／密密的雨声响在枧和笕中／江南便吟唱在我古典的思忆中”（录自旧作《梅子黄时雨》）。

火窖·火道·火炕

在古代，一到冬天，风寒雪冷，室内保暖取暖成为一件很重要的事。在乡村的农家，往往在堂屋里掘一浅坑，谓之火塘，置柴或炭以燃之。早几年，我访贵州威宁的高原彝寨，犹保存这种火塘的形式，烧的是煤，终日不熄，热力上腾，楼上即为卧室，楼板传热上去，即便是三九严寒亦温暖如春。更简单的办法，是燃木炭于盆，生火于炉。但是，在有身份的府宅，却建有既保暖又卫生的设施，即火窖、火道。

窖，即地下的穴室，设在主要的厅堂、卧室的下面，上铺方砖。在窖内燃火，谓之火窖。再在室外的隐蔽处，设人添燃料和清理灰烬的出口，以及引风助燃的通风口。火将方砖地烤热，热力弥漫于内室，温暖、净洁。美国人大卫·季德曾著《毛家湾遗梦》一书，内中写他在解放前曾与余府的千金结婚，得以入住这座北京城的百年府第，而为这种火窖式的取暖方法赞叹不已。方砖地下面的火窖烧的全是优质的木炭，整整一个冬季，耗费极大，非一般人家可以承受。

而在清代的皇宫，亦有此种类型的供暖设施。所不同的是火窖设在殿阁的外面，通过地下的火道，把热力传送到各个建筑物的下面。“在紫禁城内一些宫殿的地面下都挖有火道。添火的门设在殿外廊子下，是两个一人多深的坑洞，即灶口，这就是有名的暖阁结构。昔日康熙、同治和光绪帝结婚的洞房——坤宁宫东暖阁和绝大多数宫殿，现在还保留着这种设施。殿前的灶口覆盖着木盖，至今可见。暖阁之外，还有暖炕。”（王斌《古代皇宫冬天怎样取暖》）除这种取暖设施之外，皇宫中还设有各种火炉，大的重达数百斤，小的可以提在手上，燃料是上等的木炭“红罗炭”，是用硬实木材烧制的，按尺寸截好，盛入涂有红土的小圆荆筐，故名。

古代的蚕室，因稚蚕畏寒，一般都设有火窨，以保持里面的温度。蚕室又指接受宫刑的牢狱，因受宫刑的人畏风、怯寒，故作窨室蓄火，形同蚕室。窨者，窖也。司马迁在惨遭宫刑之后，写了一篇著名的文章，叫《报任少卿》，文中说：“而仆又佴之蚕室。”

火炕，在北方是常见的床榻形式。“北方人用土坯或砖头砌成的一种床，底下有洞，可以生火取暖”（《辞海》）。在清代的皇宫，“上至皇帝、皇后，下至宫女、太监，凡是居室，都有炕床，炕下有火道，结构与今北方农村中的炕床差不多”（《古代皇宫冬天怎样取暖》）。

“炕，干也。从‘火’，‘亢’声”（《说文》），原意是以火把东西烤干，火炕、炕床是它内涵的延伸。

曲径通幽处

清人王筠所著之《说文句读》解释“径”为：“步道也，不容车也。”

径，即窄狭、蜿蜒之小路，不容车马，只可徒步而行。“却顾所来路，苍苍横翠微”（唐·李白《下终南山过斛斯山人宿置酒》）；“岩扉松径长寂寞，惟有幽人自来去”（唐·孟浩然《夜归鹿门山歌》）；“千山鸟飞绝，万径人踪灭”（唐·柳宗元《江雪》）。

而园林中之径，是中国造园中的一个重要组成部分，不能简单地理解只是一种通道，而应看作是画面上组织景色观赏点的连线。它不仅把园林中数量多、分布广的各个景物连贯起来，而且还把人们引导到恰当位置和适宜角度，得以欣赏这些景物的最佳姿仪。径，还向人们展开了一个有头有尾的连续画面，把各种园林景色组织到统一协调的气氛中去，诱导观者从头至尾有条不紊地进行观赏而妙趣横生。于是，前行疑无路却豁然开朗，穿山过穴而又别有洞天，临池曲岸复见一抹长堤，登峰极顶再逢林莽苍然……故《清闲供》云：“门内有径，径欲曲。”“室旁有路，路欲分。”或因景设路，或因路设景，总之要幽静、曲折、素洁。

《红楼梦》中“大观园试才题对额”里，写贾政一行进得门来，“往前一望，见白石峻嶒，或如鬼怪，或如猛兽，纵横拱立，上面青苔成斑，藤萝掩映，其中微露小径。”透迤进入山口。抬头忽见山上有镜面白石一块，正是迎面留题处。”贾宝玉在父亲的催促下，说：“……况此处并非主山正景，原无要题之处，不过是探景一进步耳。莫若直书‘曲径通幽处’这句旧诗在上，倒还大方气派。”

可见贾宝玉是深谙园林妙致的，说明了曲径是导人看景的手段之一。接下来，循径前行，一

步一景，层层深入，美不胜收。“出亭过池，一山一石，一花一木，莫不着意观览。”

著名园林专家陈从周在《说园（三）》中说：“风景区之路，宜曲不宜直，小径多于主道，则景幽而客散，使有景可寻、可游，有泉可听，有石可留，吟想其间，所谓‘入山唯恐不深，入林唯恐不密。’”

我曾数次到苏州，欣欣然叩访各处园林，深感其观赏路线——“径”设置之巧妙，贯串主要景点，使园林景色发挥出最大的艺术效果。网狮园是绕水设点；环秀山庄是环山设点；拙政园中部道路，从原来地形出发，加以变化，主次分明，曲折有度……

明人祁彪佳在家乡绍兴的寓山，建造别墅，并作《寓山注》以及系列园林散文，细细描写此中景物，其中有《松径》一篇，颇值一读：

“园之中不少矫矫虬枝，然皆偃蹇不受约束，独此处俨焉成列，如冠剑丈夫鹄立通明殿上。余因之疏开一径，友石榭所由以达胜亭也。劲风谡谡，入往者六月生寒。迎风一松，曲折如舞，共诧五大夫（指泰山受秦始皇所封的五大夫松）其妖媚乃尔。径旁尽植松花，红紫杂古翠间，如韦文女嫁骑驴老叟，转觉生韵。”

一条短短的松径，何其意味深长。

曲径生韵，而曲文呢，则生趣，所谓“山忌平，文忌直”，作文者不可不谨记之。

石敢当 · 石子画

这是两种与古代建筑有关的石质的物件。

“石敢当”，又称之为“泰山石敢当”，它是古代中国人在住宅前或桥梁、道路要冲所立的石头，它的形制通常为一米左右的长方形石碑，上刻“石敢当”三字，或“泰山石敢当”五字，用来镇妖辟邪。这种风俗在我国民间流传十分久远，尤以南方为盛。

关于“石敢当”的文字记载最早见于西汉，元帝时史游所著《急就章》一书中说：“师猛虎，石敢当，所不侵，龙未央。”唐人颜师古解释说，石是姓氏，即春秋时以大义灭亲的石碏为代表的石氏家族，他们“敢言所当言”，不畏强暴，不惑于名利，为人所重。但此时的“石敢当”与镇宅辟邪的“石敢当”风马牛不相及。“石敢当”碑成为辟邪之物在晚唐才有发现，因北宋庆历年间，莆田县令张纬对县城进行改建，在开掘地基时挖出了一块石碑，上刻“石敢当，镇百鬼，压灾殃。官吏福，百姓康，风教盛，礼乐张。唐大历五年，县令郑押字记”。

“石敢当”到底指什么，史籍中众说纷纭。有说是五代时的勇士，姓石名敢，掌管护卫皇帝的安全，在一次与刺客的拼杀中而死，有扶正祛邪之力量。又说山东泰安地区有壮士石敢当，曾为一妖鬼缠身的姑娘解脱厄难，但不久妖鬼又于别处作祟，石敢当便说，用泰山的石头刻上我的家乡和名字，以震慑妖鬼，于是便出现了“泰山石敢当”之碑。关于此类的传说，还有不少，“其实‘石敢当’应该是古代崇拜的遗俗，灵石崇拜是一种十分原始且广泛流行的宗教习俗，形成于史前社会……而在宅前竖石以驱邪的风俗最迟在汉代就已十分盛行了。如《淮南子》云：‘丸石于宅四隅，则鬼无能殃也。’”(殳书《泰山石敢当》)当然那时石上并无刻字，后人之所以刻上“石敢当”或“泰山石敢当”的字，是借用一种具有声势和力量的人或物，来达到所谓驱邪的功效。在古代，不仅宅前立石，桥梁、道路要冲立石，还把刻有“石敢当”、“泰山石敢当”的条石嵌砌于墙角，以增加装饰性的美感。

石子画，是指古代园林中的石子甬路上，由五彩匀称的石子缀成一幅幅生动的图画，走在这样的路上，一边观赏周围的景物，一边打量脚下的画面，其乐何如!

石子画的制作方法，有两种：一种是用砖雕成花纹，再经过磨光；一种是以瓦条组成花纹。都是在花纹的空间填镶石子，铺缀成各种图案的。

石子画之最精良者，要首推北京故宫御花园中的回环园内石子甬路，这些图案的形式极为丰富，有《七巧图》、《什样锦》、《博古》、《带形画》等等。石子甬路互相交错，石子画的图案回环组合，趣味无穷。

“石子画不仅仅以色彩的绚丽和造型的生动给人们以极大的美感享受，而且寓教于乐，通过寓意深刻、情趣幽默的画面，给人以种种知识的启迪”(张世芸《紫禁城内御花园的“石子画”》)。

假如，我们亲临其境，可以看到这些石子画不仅有传统的题材，而且还有很“现代”的题材：一列火车徐徐进站，铁路由远方延伸而来，列车的前方是一座西洋式建筑。可以想见，清末的工匠分明已感受到西方文明叩开古老中国大门的脉跳，并随手拈之入画。

门旁威猛看石狮

《红楼梦》第六十六回，柳湘莲说：“你们东府里除了那两个石头狮子干净，只怕连猫儿狗儿都不干净。”

从另一个侧面看出，当时豪门大户的门旁，往往都立着石雕的狮子，用来镇宅避邪。在明、清时代，作为仪卫性雕塑的狮子，不仅置于陵墓前的神道两侧，皇室的宫殿苑囿以及民宅，亦不可少此物，成为古建筑的一个重要附件。

狮子是真正的百兽之王，体魄高大，威风八面，纵横驰骋，搏杀有力。喜欢夜间活动，目光如炬。在古代，我们的先人认为夜间是鬼魅出没之时，故狮子是鬼魅的克星。加之在佛教中，狮子一直传称为佛的坐骑，自然是神力无穷了。狮子吼叫起来惊天动地，群兽慑伏，并以此比喻佛家说法声震世界为“狮子吼”：“释迦佛生时，一手指天，一手指地，作狮子吼云：‘天上天下，惟我独尊’”(《传灯录》)。古代佛像出行，常以舞狮在前面开道，亦有驱邪退煞之意。

于是，寺庙、宫廷、官衙、民宅的门口两侧，石狮或立或蹲，忠实地履行它的职责。时至今日，此风更盛，银行、商店、宾馆、住宅区、风景区的入口处，石狮随处可见。

国内现存最古的石狮是四川雅安县东汉高颐墓前的石狮，它昂首挺胸，张嘴啸吼，胸旁各有肥短的双翼，看得出是受外来文化的影响。到了唐代，雕狮之风甚炽，但不再雕双翼，而是摹仿真实的狮的形象，头披卷毛，昂首长吼，四爪强劲有力，威力咄咄逼人。

唐代乾陵的朱雀门前有石狮一对，玄武门有石狮一对，青龙门和白虎门各有石狮子一对。“石狮蹲踞在高台上，两只前腿直撑在地面上，张口仰胸。……狮子的壮伟和庄严，在造型上显著地表现出充沛的力量及一定的理想特点”(《中国美术简史》。

许多专家、学者论证，石象生的雕刻到明代气象渐衰，至清代则更失去了坚实感而呈现平庸颓萎的势态。“虽装饰华美或饶生活趣致，但和汉唐石刻相比已失去了生龙活虎、天马行空的气势与自由精神，成为已被驯化后的家畜的美化与放大”(《中国美术简史》)。

我们若留意的话，可从天安门前石狮、故宫一些殿前的鎏金铜狮、颐和园中的镀金铜狮、山西太原崇善寺门前的铁狮见出端倪。

但在远离主体话语的乡村僻野，石雕艺术往往保持着古朴、雄浑的格调，充满着勃勃生机。“陕北绥德一带以雕刻石狮子闻名，按当地民俗是用来镇邪除灾的，一般分为‘巡山狮子’和‘拴娃狮子’两种，巡山狮子体形较大，神态威猛，用来镇定山势、驱除邪恶；拴娃狮子形体小，形态娇憨……”(左汉中《中国民间艺术造型》)

太平天国的壁画

壁画用于室内装饰，在我国起源非常早，从考古发现壁画遗迹，最早的“是辽宁红山文化女神庙遗址出土的壁画残块，或用赭红色画成勾连纹图案，或用赭红间黄白色彩描绘三角纹图案。此外，在宁夏固原河村齐家文化遗址，于一座房屋残垣的白灰面上，曾发现用红彩描绘的几何纹装饰壁画”（《中国美术简史》）。

此后，随着岁月的行进，壁画创作越来越受到重视。殷周时期的“宫墙文画”、“锦绣被堂”已载入典籍；战国时代，公卿祠堂及贵族府第皆以壁画为饰，“楚有先王之庙及公卿祠堂，图画天地山川神灵，琦玮僪佹，及古贤圣怪物行事”（东汉·王逸《楚辞章句》）。秦汉及后世，以壁画作为内室的装饰，经久不衰，宫殿、寺观、家居、墓室、石窟……留下许多壁画佳制。这些壁画的内容十分丰富，西汉鲁恭王刘余营建的鲁灵光殿即是一例，王延寿之《 鲁灵光殿赋》曰：“图画天地，品类群生，杂物奇怪，山神海灵，写载其状，托之丹青。……上纪开辟遂古之初，五龙比翼，人皇九头，伏羲鳞身，女娲蛇躯。……焕炳可观，黄帝唐虞，轩冕以庸，衣裳有珠，下及三后，瑶妃乱主。忠臣孝子，烈士贞女。贤愚成败，靡不载叙。恶以戒世，善以示后。”

我这里着重说的是太平天国的壁画。太平天国在短短的十四年中，留下不少内容丰富、笔触粗犷的壁画。壁画在当时太平天国的将官府衙建筑里，曾经是不可缺少的一种装饰。“太平军在绍兴大画龙虎，门厅屋皆画龙虎，厅事两旁则画虎狗狮象”（《避寇日记》）。这种壁画在天京（南京），亦不下千余处。

太平军为什么如此钟情于壁画呢？主要是他们与清军及外寇作战

频繁，行踪不定，以壁画装饰府衙住宅，最为简省。壁画多画于砖壁上，少数画在木板壁上。内容大致有三类，一类是攻城防守的情景，二是山水花鸟画，三是历史神话故事。在攻下南京，并命之为首都天京之后，各王的府第、官衙等处的门墙上，彩绘缤纷，几乎无处不画。待到曾国藩的湘军攻陷天京，纵火焚毁，壁画亦遭到空前的破坏，只有东王府的十八幅壁画硕果仅存。

这些壁画，大多反映当时的现实生活，歌颂太平军将士英勇战斗的场景，以及他们对美好生活的憧憬，如《双鹤寿桃》、《防江望楼》、《山亭瀑布》、《柳荫骏马》、《江天亭立》、《云带环山》、《双鹿灵芝》、《孔雀牡丹》等。"全部以水墨为骨，略施青绿、朱红等色彩，直接画在石灰墙面上的。其中《山亭瀑布》图，使用的还是披麻、折带、云纹等皴法"（余增德《中国碑雕画塑》）。

我们观赏《江天亭立》图，画的是南京燕子矶，翠树丛立的悬崖上屹踞一亭，亭上军旗飘舞，崖下江船张帆。《柳荫骏马》图，一马拴系于树旁，它回首长啸，似乎欲挣脱束缚奔赴沙场。《防江望楼》图，耸立于江畔山崖上的五层望楼，楼顶三角令旗迎风飞扬，江边几条战船集结待命，江上几条战船徐徐远去，预示着一埸战斗即将拉开序幕。

根据野史所载，绘制太平天国壁画的著名画师，有绍兴的张宝庆，扬州的李匡济、郑长春、洪福祥、虞蟾、陈崇光等人。传说海派画家任伯年，年轻时也曾入太平军当过旗手，还绘过不少优秀的壁画，可惜都毁于战火之中。

影 壁

《红楼梦》第三回写道："王夫人忙携黛玉从后门由后廊往西，出了角门，便是一条南北宽夹道。南边是倒座三间小小的抱厦厅，北边立着一个油粉大影壁……"

所谓影壁，俗称照墙、照壁，于门内或门外用作屏障或装饰，常以砖、石砌成；有的在表面进行粉刷和油漆后，再点缀字画；有的是直接在上面雕刻各种图案。讲究的人家，还在影壁前放置石台、盆花，更给人一种美的感受。

我的故乡湘潭市，有一座海会寺，入山后，便是一道横式的长方形的影壁，白底上写着"南无阿弥陀佛"六个金字，壁顶盖以琉璃瓦，十分端庄肃穆。

台湾作家小民写过一篇散文《温馨美丽的四合院》，缱绻回忆北京故居难忘的风味，特地提到了院中的影壁："进了大门，眼前是一座影壁，影壁上有雕饰艺术图案。中间两块方字'鸿禧'，为给客人祝福，自己瞧着也喜欢……。我们老家到了夏天，影壁前还养一盆荷花，红花绿叶，一进门就感到清幽幽的。有时种满盆水葱，也很好看。"

在北京北海五龙亭的东北端微观堂前，立着一座元代的铁影壁。它的表面呈黑褐色，乍一见，好像是生铁铸成，质

地十分坚硬，其实是黑褐色的石头所制。这座石雕一面雕着一只大狮和三只小狮在树下滚绣球的图案；另一面雕着一只麒麟卧于苍松下岩石旁，壁座四周刻着奔马图案和精致的花边。铁影壁原属于德胜门内一座古刹德胜庵，后来才移置北海的。

《金瓶梅》第七回，则称这种建筑物为照壁。

影壁一般由壁座、壁身、壁顶三部分组成，大小形制则视四周建筑物大小形制而定。

明清时代的厅堂、轩斋，明间后多用屏门、窗格或木板为虚壁，也称之为照壁。

还有一种影壁，栽种植物丛作为屏障，呈出一种自然之美。《金瓶梅》第七回所说的“竹枪篱影壁”，即是栽种的竹丛，如一道篱，故有此雅称。

轻灵的屏风

我国古代建筑多为土木结构的院落形式，无法进行全方位的封闭，为了挡风，便创造了屏风这种器具。据考古挖掘和典籍记载，使用屏风的历史已有几千年了。

屏者，障也，有着抵挡、间隔和遮蔽的功能。

屏又称作扆，“牖户之间谓之扆”(《尔雅·释宫》)。郭璞注：“窗东户西也。”因以指帝王宫殿上设在户牖之间的屏风。

“屏风有室内室外之分，过去的院子或天井中，为避免从门外直望见厅室，必置一屏，上面有书有画，既起分隔作用……而且还具挡风的作用”(陈从周《说“屏”》)。室内的屏风，更多地发挥间隔、遮蔽、美化的功效。因此，许多建筑家把它誉为一种灵巧的“建筑配件”。

《史记·孟尝君传》：“孟尝君待客坐语，而屏风后常有侍史，主记君所与客语。”屏风在这里起到遮蔽的作用。而在清代林嗣环的《口技》一文中，写到口技表演者借屏风作障蔽，“少顷，但闻屏障中抚尺一下，满座寂然”，接着便用声音创造出有声有色的“戏剧”，令人叫绝。在礼法森严的古代，女性常以屏风作掩护，偷偷观察心目中的男性，这种情节在古典戏剧中经常出现。

后汉李尤的《屏风铭》，曾对屏风外形内质进行了生动的描绘：“舍则潜避，用则设张。立必端直，处必廉方。雍阏风邪，雾露是抗，奉上蔽下，不失其常。”

一般来说，制作屏风多用木板，或以木料为骨，蒙上丝织品作屏面，用石、陶、金属等其他材料作柱基，屏面饰以各种彩绘，或嵌上一些书画作品，故又称之为画屏。“银烛秋光冷画屏”(唐·杜牧《秋夕》)；“兰烬落，屏上暗红蕉”(唐·皇甫松《忆江南》)。富豪之家的屏风则更是讲究，屏面使用云母、珐琅、玻璃、金银。《红楼梦》中就出现过不同形状不同用途的屏风，如“炕屏”、“玻璃屏”、“大插屏”、“纱桌屏”、“护屏”。

屏风有插屏和围屏之分，插屏多是单扇的，围屏则由多扇组成，少则两扇，多则十二扇，能任意折叠，可宽可窄，轻便灵活。

至今存世的屏风精品，要数北京紫禁城内各个殿堂的宝座后面所设的屏风，如：“紫檀嵌黄杨木雕云龙屏风”、“乾隆牙雕山水人物染色围屏”、“雕龙髹金屏风”，等等。屏面上的图画、装饰堪称巧夺天工，反映了当时手工艺的高超水平。

风帘翠幕

宋词人柳永在《望海潮》词中道："烟柳画桥，风帘翠幕，参差十万人家。"可见，在中国的古建筑中，帘与幕是一种常用的并能增添诗情画意的物件。

帘的繁写体为簾，《说文》释为："堂簾也，从竹，廉声。"它是一种遮蔽堂前及门窗的用具，多以竹、苇制成。"帘在建筑中起'隔'的作用，且是隔中有透，实中有虚，静中有动，因此帘后美人，帘底纤月，帘掩佳人，帘卷西风，隔帘双燕，掀帘出台，等等，没有一件不叫人遐思，引人入画"（陈从周《说"帘"》）。

帘的作用是隔景，并由此而产生奇特的审美效果，古人深谙此中奥妙。"翠叶藏莺，珠帘隔燕"（宋·晏殊《踏莎行》）；"金碧上青空，花晴帘影红"（宋·周邦彦《菩萨蛮》）；"疏帘淡月，照人无寐"（宋·张辑《疏帘淡月》）。帘虽相隔，却能透光，燕影、花影、月影令人赏玩不已。当然，帘也有其实用性，可以遮阳、障风、挡雨、抵寒、消除噪音，这在古诗词里多有描写，"帘外雨潺潺，春意阑珊"(南唐·李煜《浪淘沙》)；"风帘自在垂"(宋·周邦彦（《菩萨蛮》)；"楼上几日轻寒，帘垂四面"（宋·李清照《壶中天慢》)；"垂帘静，层楼迥"（南唐·李煜《应天长》)。

帘，除竹制苇编之外，皇宫或富豪府第，有以水晶为材料制作帘子，"却下水晶帘，玲珑望秋月"(唐·李白《玉阶怨》)；也有以珍珠穿缀而成的，"一桁珠帘闲不卷，终日谁来"(南唐·李煜《应天长》)；当然，还有以丝绸作帘的，称之为帘幕，又叫罗幕，"酒醒帘幕低垂"(宋·晏几道《临江仙》)。

幕，尺幅大的，设于堂室，亦起隔和遮蔽的作用，又名曰帷幕。

珍贵的帘子，名曰宝帘；在上面作了画的，称作画帘。好帘往往配以精美的帘架、帘钩，"手卷真珠上玉钩"(南唐·李璟《摊破浣溪沙》)；"最堪爱一曲银钩小，宝帘挂秋冷"(宋·张磐《眉妩》)。

帘的设置，比帷幕更为自由，门上、窗上、廊中、室内、庭前，皆可因地制宜地张设。"垂下帘栊，双燕归来细雨中”（宋·欧阳修《采桑子》）。栊者，雕花的窗隔扇，故此处是指窗帘。“庭前芳草空惆怅，帘外飞花自往还”(宋·陈允平《思佳客》)，这便是庭帘了。

古代酒店的酒幌、酒旗，亦称之为帘，取其形状相若。《红楼梦》十七至十八回，贾宝玉借唐寅“红杏梢头挂酒旗”的诗意，为大观园稻香村题了“杏帘在望”四字。反过来，帘也称帘旗、帘旌，“燕子归来窥画栋，玉钩垂下帘旌”(宋·欧阳修《临江仙》)。

陈从周说：“我总感到中国人用帘，不仅仅是一个功能问题，它是蕴藏着深厚的文化在内。”

让我们记住这位德高望重的老园林建筑家的教诲。

古建筑的脊饰与角饰

我曾谒访过湘西的凤凰、古丈、永顺的王村等地方，细看过一些古建筑的脊饰与角饰，即屋脊和屋角上的美术装饰，那些陶制和木雕的凤凰鸟，造型新颖，色彩鲜艳。这与远古时代的图腾崇拜息息相关，充满着一种吉祥平和的意蕴。

我国古代的脊饰和角饰，属于民间艺术范畴，创造的人或动物的形象，目的在于镇宅避邪，驱除妖孽，佑护平安，表达一种极其美好的愿望。渐渐地发展成一种具有审美功能的建筑构件，使建筑物体现不同的内涵，或壮美，或庄严，或古朴，或清丽。

脊饰和角饰，往往选择一些神话、历史中有神威的人物形象，或选择有灵性有力量的现实存在或传说中的动物作为原型。前者如八仙、太上老君、寿星以及《三国》、《封神》与《水浒》的人物，后者如龙、凤、狮、虎、蛇、龟、麒麟、鱼、鹤、鹿、鹰、象等等。

早些日子，株洲的炎帝陵建设办公室召开专家论证会，老友曹敬庄提出新建的“神龙大殿”的角饰，为鹰与鹿两种动物形象，其理由是传说中有鹰翅为炎帝遮荫，母鹿为其哺乳的记载，得到大家的赞同。

广东佛山的祖庙，是明洪武五年(1372年)重建的，供奉的是北帝真武帝君(又名黑帝、玄武)。“庙宇屋脊上的陶塑，每条二十至三十米长的屋脊，全部是栩栩如生的陶塑人物图案。有人做过有趣的统计：把几条屋脊连接起来，有一百多米长，容纳了二十四组有关《封神》、《三国演义》、《郭子仪祝寿》等家喻户晓的故事，约有两千多个姿态有别、神情不同的神话、历史人物，充分体现了古代劳动人民的才智”(毅刚《佛山祖庙岭南瑰宝》)。

闻名世界的天安门城楼，屋顶上铺着黄色琉璃瓦，远远望去，金光灿烂；在屋顶正脊两侧，分别安装着龙、凤、狮子、麒麟、海马、天马、鱼、獬豸、犼等九种走兽，外加一位仙人。这在我国古建筑物的装饰中，也是属于最高等级的。北京故宫的文渊阁，建在砖石砌筑的台基上，外观两层，实为三层，中间一层为暗层；歇山顶，阁顶铺青色琉璃瓦，绿琉璃剪边，正脊用绿色琉璃瓦衬底，紫色琉璃砌的盘龙，飞舞其间。全阁以青色和绿色为主调，红色湮没其间，给人以冷压的感觉，象征藏书阁的以水灭火之意。湖南的岳阳楼，三层三檐，屋角上嵌有游龙、飞凤等琉璃装饰。

这些脊饰、角饰，以陶制为多，但也有石雕、木雕的，还有用铜、铁铸造的。在表现手法上，朴拙、夸张、简洁，同时又充满着神秘感。

除人物和动物之外，也有以植物为原型的，如葫芦瓜，象征瓜瓞绵延，子孙繁衍；如蟠桃，象征长寿；如佛手，象征福与寿。或者以动物和植物互相组合，如莲与鱼，象征连年有余；以及“凤戏牡丹”、“鹭鸶探莲”等等。

《中国民间美术造型》一书的“绪论”中有一段话令我特别心动：“在现代文明高度发达的今天，西方出现一股厌恶工业都市的感情倾向，提出艺术回归大自然，从而产生了对原始民间艺术的由衷向往，他们追求纯朴稚拙的人类童年的情趣，追求原始艺术的神秘感和真挚的野性，因而民间美术的价值和分量受到空前重视。中国现今兴起的‘民间文化热’并不是一种孤立的现象。”

美丽的翼角

唐人杜牧《阿房宫赋》一文中，有这样的句子："五步一楼，十步一阁，廊腰缦回，檐牙高啄，各抱地势，钩心斗角。"这个"角"是指中国古建筑屋檐的转角部分，又名翼角，因向上翘起，舒展如鸟翼，故有此称。

"峰回路转，有亭翼然于泉上者，醉翁亭也"(宋·欧阳修《醉翁亭记》)。说的是亭的相邻两坡屋檐之间的翘角，有如鸟的羽翼展开，给作者一种美的灵思。

中国古建筑，多有深远的出檐，《诗经》中有"如翚斯飞"的诗句来予以赞美，可见当时西周的大屋顶已引人关注，但难以确定有无翼角。现存最早的屋角做法，表现在东汉石阙上。翼角的具体形象，最早见于南北朝的石刻中。真正的大型建筑实物最早要推五台县南禅寺大殿的翼角，十分精美。

"宋代以前，屋角的水平投影都是直角。北宋开始，角梁向外加长，角椽也随之逐根加长，屋角的水平投影呈尖角状，宋《营造法式》中称为'生出'，清代称为'出'或'冲'。出翘加强了翼角翘起的效果"(《中国大百科全书》)。只是因南方气候温和，积雪稀薄，故屋角翘得更高一些，弯卷如半月，充满一种线条的美感和力度，给古建筑增添了如许风韵。

古代的建筑师在翼角的安排上，往往独出心裁，打破程式，创造出堪称经典之作的款样，至今犹为人津津乐道。

成都“薛涛井”的旁边，于清光绪十五年(1889年)建立了一座崇丽阁。阁名出自晋代文学家左思《蜀都赋》中的名句：“既丽且崇，实号成都。”全阁共四层，高三十余米，它的造型非常特殊：下两层为正方形，各有四个翼角，上两层为八角形，各有八个翼角，整体效果是稳健雄壮，又不失华丽灵巧。

万荣县的东岳庙内，有一座飞云楼，当地民谚云：万荣有座飞云楼，半截插在云里头。它是我国现存木结构楼阁式建筑中的精品。该楼在唐贞观年间已有名声，历朝历代多次维修与重建。

我们今日所见之飞云楼，是乾隆十一年(1746年)重建后的遗物。飞云楼外观三层，但还有两个暗层，实为五层。全楼有三十二个翼角，造型十分独特。每个翼角下均系铜铃，微风吹过，叮当作响。这些翼角，与平座、栏杆以及绚丽多彩的装饰绘画相映生辉。如果把它的第一层比喻为花篮，那么第二层、第三层的飞檐、翼角、抱厦和全楼的十字歇山式屋顶，就是篮中探出的鲜花。

湖北武汉的黄鹤楼，建筑面积达四千余平方米，全楼由七十二根圆柱支撑着，楼外共有翼角六十个。

梁思成在《中国建筑史》的“绪论”中对“翼展之屋顶部分”，充满了由衷的赞美：“依梁架层叠及‘举折’之法，以及角梁、翼角、椽及飞椽、脊吻等之应用，遂形成屋顶坡面、脊端及檐边、转角各种曲线，柔和壮丽为中国建筑物之冠冕，而被视为神秘风格之特征……”此言甚确。

在一些现当代作家观赏古建筑的文章中，他们敏锐的目光常常萦绕于翼角之上，为那种优美而有力度的线条所感动。

铁马叮当

我出生于湘中古城湘潭，读初小的“平政小学”是由一座供奉关云长的大庙改建而成的。老师们的办公室在主体建筑关圣殿的殿堂里，教室则由殿两边厢房打通后略加装修，成为我们求知的“圣地”。教室光线昏暗，坐在后几排的同学很难辨清老师在黑板上写的粉笔字。我个子高，总是坐在后面，很有点寂寞的况味。常常，风中传过来的铃铎之声穿墙而入，“叮当，叮当，叮当当……”我知道那声音从关圣殿檐角下发出，沉宏而古老。

我想像铃舌如何在风的摇动中撞击铃身，一年又一年，没有产生疲倦之意。老师说过，这关圣殿是清代重修的。啊呀呀，清代！离现在多么遥远！一位年老的教师突然断喝一声：“认真听课，铁马的声音有什么听场！”

铁马？什么叫铁马？我那时年纪小，没法子理解这两个字的意思。

读高小进了“豫章学校”，它是由“江西会馆”改建成的。在后花园的池水中，立着一座古亭，亭的四个翘角上也有铁铃悬挂，有风的日子铃声不断，很好听。老师经常警告我们不要因“铁马”之声分散了注意力！

人一下子就长大了。因种种机会，得以叩访一些名胜古迹，举凡那些古老的楼、亭、寺、阁、堂……的檐角上，都悬垂着铁片、铁铃，使被称之为“凝固的音乐”的建筑物，发出金属的声响，让人思绪飘忽。又看过一些书，与“铁马”二字常常邂逅，如《红楼梦》第八十七回：“这里黛玉添了香……只听得园内的风自西边直透到东边，穿过树枝，都在那里唏溜哗喇不住的响。一回儿，檐下的铁马也只管叮叮当当的乱敲起来。”该书的注释说：“铁马——又叫檐马。挂在房檐下的铁片(原为马形，后也有其他形状)或铃铛，风吹时互相碰撞发出叮当声。”

马形的铁片，叫铁马；铃铛也名之铁马。“铃，令丁也，从‘金’，从‘令’，‘令’亦声”(《说文》)，铃为金属所制的响器，似钟而小，古谓“丁宁”，汉谓之“丁令”，以其声音为名。还有大铃，则谓之铎，“铎，大铃也”(《说文》)。古建筑上的铁马，既具有装饰性，又增添音乐美。入山观寺，未见寺而先闻铁马之声，其喜何如?当然，当一个人心情烦闷，听铁马之声则倍觉凄苦。它的声音应对闻者的心情，实在是妙不可言。

唐明皇在“安史之乱”时逃往四川，在军队的胁迫下处死了杨贵妃，其内心的痛苦无以复加：“蜀江水碧蜀山青，圣主朝朝暮暮情。行宫见月伤心色，夜雨闻铃断肠声”(唐·白居易《长恨歌》)。诗中之“铃”，即檐角上的铃铛(铁马)。

“苏门四学士”之一的晁补之，其散文《新城游北山记》颇为人称道。“既坐，山风骤然而至，堂殿铃铎皆鸣，二三子相顾而惊，不知身在何境也。”

“铁马”二字，原义为以铁片所制的马的形状，而后来铃铎亦称作“铁马”，我想其原因是让人想起“金戈铁马”的情景，裹着铁甲的马，马颈下挂着铃铛，铁蹄铿锵，铃声清脆，何其威风啊!

棚

“棚，栈也”(《说文解字》)，最初的意思是楼阁，以后才转指棚架和小屋。“用竹、木、芦苇等材料搭成的篷架或小屋，如：豆棚、凉棚、棚厂”(《辞海》)。

我这里想说一说作为临时建筑的棚屋。

俗语云：“千里搭凉棚，没有不散的筵席。”

《红楼梦》第六十三回，因贾敬死去，“贾蓉得不得一声儿，先骑马飞至其家，忙命前庭收桌椅，下隔扇，挂孝幔子，门前起鼓手棚牌楼等事。”《金瓶梅》第六十三回，因办丧事，也提到“罩棚”和“榜棚”，前者是丧家请僧道超度死者时念经做法事临时搭的棚屋；后者是丧家在门前临时搭的棚屋，上挂坛榜，坛榜上书写死者官职姓氏，由哪家僧道办理法事以及年月日等。这类棚屋称之为丧棚。

还有办喜事临时搭的棚屋，称之为喜棚。作庆寿之用的棚屋，名曰寿棚。

大户人家到了夏天，为遮挡酷热的太阳，往往请人在庭院里搭起高大的凉棚，用来避暑纳凉。

在旧时代，城里专门开设有棚铺，雇请一班手艺高超的棚匠，从事这种为人搭棚的业务。南方搭棚，往往要挖坑埋竿，先立构架，“而北京则不然，多平地竖立杉篙，不用刨坑，也不埋坑，且支搭极为牢固，不管有多大风，棚杆纹丝不动。另外北京有钱人家庭院宽阔，多爱搭‘起脊棚’。它棚顶高大，四面有大玻璃窗(玻璃上绘有五福捧寿花样)，呈宫殿式起脊。这种棚费工费时，所需材料(如芦席、杉篙、杆子、绳子等)为数颇多……北京最负盛名的棚铺，西直门内有‘棚匠刘’(名刘海棠)，以搭棚起家，能搭各种各样的棚，曾搭过起脊宫殿式的棚子闻名遐迩”(《旧都三百六十行 · 棚匠》。

刘叶秋在《京华琐语 · 消夏拾零》中，说到北京的大宅门为办婚丧嫁娶、作寿庆贺等事，“除在院里搭大棚外，还在门口儿的大街搭棚，连到对面的便道上去，叫做‘过街棚’”。他特别介绍了立夏之后庭院所搭遮阳的天棚（凉棚）：“先以大杉篙安柱扎枷子，随用一种粗如手指大过饭碗的半圆形的大钩针，穿上麻绳，把一张一张的席连接缝好，然后两面铺席上顶子，顶上有拉绳可以从下面任意卷舒，太阳晒时就放下来，遇上阴天下雨就拉起来。”

凉棚、喜棚、丧棚、寿棚，作为一种临时的建筑形式，是在特定的时间和特定的条件下，对稳固的建筑形式的补充。在今天的某些应急的场面，在帐篷缺乏的情况下，简易的临时性的棚屋仍然受到人们的青睐，因为它的原材料极为普通，搭起来比较便利。

汉字里的古建筑形态

文字是一种凝固的历史，又是各种文化内涵的具体反映。关于我国的古建筑形态，在汉字中可以得到清晰的佐证。

《易经·系辞》说，“上古穴居而野处”。“穴，土室也”（《说文》），即当时的人们是住在土洞里的。这种简陋的土室，潮湿、昏暗，又不避蛇兽之害。韩非子《五蠹》说：“上之世，人民少而禽兽众。人民不胜禽兽虫蛇，有圣人作，构木为巢，以避群害。”从穴居进化到在树上筑巢，是一大进步。《孟子·滕文公》说：“下者营巢，上者营窟。”其意为地势低下、潮湿的地方应在树上筑巢，而地势高、炎热的地方则利用山上的洞窟安身。

穴、巢、窟是上古人自然形态居所的三种形式。

“后世圣人易之以宫室，上栋下宇，以待风雨”（《易经·系辞》）。人们开始用木头来构建可避风雨的住所，真正意义上的建筑也就由此产生。

即使在构筑中，大量使用木材，而人们对于“土”这种建筑材料，也常加以运用，比如以土筑台承载建筑物；“基，墙之始也”（《说文》）从“土”，堂、室、台（臺）、壁、垣、垒、城、坝、坛，亦从“土”，反映了当时的建筑特点。

因当时生产工具的落后，以及“不求原物长存之观念”的影响，“中国始终保持木材为主要建筑材料，故其形式为木造结构之直接表现”（梁思成《中国建筑史》）。楼、榭、桥，皆从“木”，建筑构件柱、楹、梁、枋、栋、板、檐、椽、栏、榫、槛等，亦从“木”。

中国古代建筑在外形上显著的特点是它的大屋顶,而在中国文字中关于屋顶建筑的字都有一个宝盖头“宀”，音绵，屋顶的意思，篆书中写作“人”，即两面坡的人字屋顶。宝盖头下组成了如下表示建筑物的字：室、宫、宅、家、宸、宗、牢、穴、宇、宛、宬 、寓等。而单面坡的屋顶则是用“广”或“厂”字表示，如：店、库、庙、庑、廊、府、庖、庐、庭、庌 、庞、底、庤、厩、厢、厕等。

中国的大屋顶，主要有五种形式：悬山屋顶、硬山屋顶、庑殿屋顶、歇山屋顶、攒尖屋顶。

在汉字中，还可窥探到古建筑对其他物质形式的吸收和转化，如：轩。轩原本是一种前顶较高而有帷幕的车子，供大夫以上乘坐，后来被引入建筑形式中，将有窗槛的长廊或小室称之为轩，故仍从“车”。

还有“塔”这个字，在早期的汉字中并无此字，因古印度的塔，最初是用来埋藏舍利和佛骨的，有坟冢之意，故从“土”；再根据“佛”字的梵文音韵“布达”，造出一个“荅”字，合土而“塔”。从中可看出，中外建筑形式的互为融合与借鉴。

联匾的款式

中国的古建筑，举凡楼、台、亭、阁、轩、榭、堂、馆，对联匾额成为一种不可缺少的装饰品类，从内容到款式，都与它的载体达到水乳交融的境地，互为辉映，产生整体性的艺术效果。

大门两侧的对联谓之门联，楹柱上的对联称为楹联，它的款式一般来说为长条形。或刻或写在长条形的木板上，底色多为黑色或木的本色，字则多为金色与绿色，悬之于门旁柱上。讲究材质的，以紫檀金楠为之；字往往为名家书写，且镌刻也多由名刻手操刀。门联也有以石板刻写，嵌在墙上的，则虽经岁月更替而不可磨灭。

但追求雅趣的文人，往往别出心裁，创造出新的款式，如竹刻对联。竹，在文人心目中，是“宁可食无肉，不可居无竹”的雅物，“截竹一筒，剖而为二，外去其青，内铲其节，磨之极光，务使如镜，然后书以联句，令名手镌之，掺以石青或石绿，即墨字亦可”(清 · 李渔《闲情偶寄》)，尤其悬于柱上，彼此贴合。但悬挂时不用铜钩，只上下用二枚铜钉穿眼而钉之。眼的位置多选择有字处，钉钉子后，敷以颜色，让人看不出痕迹。

还有一种蕉叶联，“其法先画蕉叶一张于纸上，授木工以板为之，一样二扇，一正一反，即不雷同；后付漆工，令其满灰密布，以防碎裂；漆成后，始书联句，并画筋纹。蕉色宜绿，筋色宜黑，字色则填石黄”(《闲情偶寄》)。这种蕉叶联悬之于粉壁，有“雪里芭蕉”之妙，最为人称道。

横额，即横匾，置于门楣之上，或高檐之下，一般为横书形式，但也有长条形竖书的，如北京故宫中的一些大殿上的横额。

但清人李渔却创造出一些新颖的匾额款式，让人耳目一新。

碑文额：方形，如石碑，但用的却是木质材料；即使是三个字，亦作两行竖书，第二行为一个字，剩下的位置题写书家姓名。

手卷式：与平常横额相似，但左右两端用圆木缀之，如手卷之轴，“左画锦纹，像装璜之色；右则不宜太工，但像托画之纸色而已。”

册页匾：用尺寸相同的四块方板，联缩成稍有曲线的形制，“边画装璜之色，止用笔画，勿用刀镌。”

秋叶匾：作成秋天红叶的形状，横置，于其上写字，悬于小巧的建筑物上，别添一番情趣。

此外，李渔还设计出“虚白匾”、“石光匾”等新奇样式。

山海关东门楼西面的上层屋檐下，悬挂着一块白底黑字的巨匾，长近六米，上书“天下第一关”五个大字，字的高度为一点六米。匾是明代书法家、进士、本地人萧显在成化八年(1472年)写成的。此公为明代三十二位书法家之一，他的字刚柔相济，苍劲有力，与山海关的宏伟建筑及周围壮阔的环境互为映衬，浑然一体，是海内传存的名匾之一。

跋

屈指算来，我在写小说、诗歌、散文的同时，陆陆续续写了不少文化类的随笔文字，谈旅游，谈收藏，谈姓氏，谈烟、酒、茶、棋，谈诗、书、画、印，先后结集成几本书，可说是“主粮”收获之外的瓜菜之属。敝帚自珍，读者亦多首肯，也就欣欣然了。

究其情由，似与在北京大学中文系那几年的读书大有关系。北大中文系除正课之外，还有许多选修课，还有日新月异的讲座，这对我来说，真是如入宝山。北大的学术空气是极为开明、自由的，百家争鸣，百花齐放，展示的都不是平庸之见。何况，也没有外校那么多禁忌，只要你有兴趣、有时间，你可以到本系的外班，或是外系的课堂去听课，没有人干涉你。所以我们那个班的同学，有去哲学系听课的，还有的去听天体物理学的高论。我在这里去听过关于宗教、建筑、地理文化学、历史、说文解字、文艺心理学等课和讲座，受益匪浅。而北大有藏量巨大的图书馆，作家班同学除发有本科生的一般借书证外，还发有可到研究生图书库借书的优惠卡，我素喜读“闲书”，这便给我带来读书上的极大便利，并作过不少笔记。这些似乎都对出校后的创作和作一些“野狐禅”之类的“学问”打下了很好的基础，也对自身的修养有过良好的影响。人不读书，则面目可憎，古人语甚确，我辈不可不铭记在心。这本《触摸古建筑》，仍可视为当年北大就读的一脉余香。

此书所涉的内容，既有常规所称的古建筑，如亭、台、楼、阁、堂、宫、城、关、榭、馆、廊、轩、庐、斋、墓……也有属于古建筑的小单元，如门、窗、阶、墙、柱、梁、斗拱、天井、栏杆、门槛……同时还涉及到一些古建筑的附件，如石狮、壁画、屏风、帘幕、铁马、虎橱……

我的想法，打通文、史、哲、艺的阻隔，熔知识性、趣味性、文史性于一炉，让读者读起来有一种轻松之感。

野莽老友是写作、编辑、出版的三栖闻人，此次他盛情邀约我将所写的中国古建筑的随笔文字整理付梓。在此之前，他对此中的许多篇目认真阅过，并予以鼓励，令我十分感铭。在此，还要感谢中国建材工业出版社的诸君，他们为建筑文化的积累运筹帷幄。感谢责任编辑朱建红，她为此书的编辑出版耗费了许多心血。

我希望读者喜欢这本书，因为它不仅仅是我个人的劳动成果，而是集体智慧的结晶！

是为跋。

聂鑫森

甲申年春日

（通信处：湖南株洲市南湖塘邮政所信箱　412000）

触摸古建筑

图书在版编目（CIP）数据
触摸古建筑：聂鑫森建筑文化随笔／聂鑫森著．—北京：
中国建材工业出版社，2004.8
（建筑文化名家随笔系列丛书）
ISBN 7-80159-663-3
Ⅰ．触… Ⅱ．聂… Ⅲ．古建筑－建筑美学－中国－文集
Ⅳ．TU-862
中国版本图书馆 CIP 数据核字（2004）第 070715 号

触摸古建筑

——聂鑫森建筑文化随笔

聂鑫森·著

出版发行：中国建材工业出版社
地　　址：北京市西城区车公庄大街6号
邮　　编：100044
经　　销：全国各地新华书店
印　　刷：北京鑫正大印刷有限公司
开　　本：787mm × 960mm　1/16
字　　数：218 千字
印　　张：12
版　　次：2004 年 11 月第 1 版
印　　次：2004 年 11 月第 1 次
印　　数：1—4000 册
书　　号：ISBN 7-80159-663-3/TU · 346
定　　价：28.00 元